多层疏松砂岩气藏开发机理研究与应用

万玉金　李江涛　郭　辉　钟世敏　陈朝晖　胡　勇　著

石油工业出版社

内 容 提 要

本书针对柴达木盆地涩北气田岩性疏松、非均质性强、层数多、井数多、边水指进的地质特点与开发特征，综合利用柱塞岩心、全直径岩心、填砂人造岩心、填砂箱体和填砂薄片等手段，从多层疏松砂岩出水气藏开采过程中气—水—砂微观渗流过程及机理、气水流动能力影响因素、气水微观及宏观分布规律、非均匀水侵过程影响因素等方面进行模拟实验和分析讨论，提出适用于涩北气田的"传导率、水体倍数、过渡带含水饱和度、相对渗透率曲线端点值"多参数精确调整的非均匀水侵数值模拟方法。最后通过总结涩北气田 25 年现场开发实践，提出了"由点到面、点面结合"的出水防治技术对策，以及以连续油管冲砂和割缝筛管充填防砂为主的治砂技术手段。

本书可供从事气田开发的科研人员、工程技术人员及管理人员参考阅读。

图书在版编目（CIP）数据

多层疏松砂岩气藏开发机理研究与应用 / 万玉金等

著 .—北京：石油工业出版社，2021.4

ISBN 978-7-5183-4532-8

Ⅰ . ① 多… Ⅱ . ① 万… Ⅲ . ① 砂岩油气藏 – 油气田开

发 – 研究 Ⅳ . ① TE343

中国版本图书馆 CIP 数据核字（2021）第 028186 号

出版发行：石油工业出版社

（北京安定门外安华里 2 区 1 号　100011）

网　　址：www.petropub.com

编辑部：（010）64253017　图书营销中心：（010）64523633

经　　销：全国新华书店

印　　刷：北京中石油彩色印刷有限责任公司

2021 年 4 月第 1 版　2021 年 4 月第 1 次印刷

787×1092 毫米　开本：1/16　印张：14.25

字数：350 千字

定价：150.00 元

前言 /PREFACE

　　涩北气田是目前国内外所有已发现的气田当中独一无二、最具典型特征的第四系生物成因多层疏松砂岩边水气田，由于其独特的地质条件，没有可以拿来即用或可供借鉴的开发模式与开发技术。为此，制定科学合理的开发方案，必须以特色开发实验为基础，深化出水、出砂机理认识，获取关键开发实验参数，然后再运用地质建模和数值模拟技术研究此类气田开发规律，最终用于优化确定合理的开发技术政策，这是严谨科学态度的体现，更是探索复杂气田实现高效开发的必由之路。当然，现场实践中针对影响涩北气田稳产的关键技术难题，围绕贯穿气田开发全过程的水害、砂害防治技术进行实践探索，梳理适应性强的工艺技术，也是保障此类气田实现高效开发的重要途径。

　　针对涩北气田独特的地质条件，主体采用细分开发层系、优化部署水平井、合理确定气藏开采速度及单井配产等开发技术政策，而科学、合理的开发技术政策和具体实施细则的制定都是建立在实验研究所获取的基础参数之上的。涩北气田储层成岩性差、松散易破碎，取心困难是制约实验研究的第一道难关，保持岩心完好并获取真实可靠的实验参数是另一道难关。在涩北气田开发过程中，取心技术和实验研究的深度、广度都不断发展，保形保压取心、液氮冷却岩心钻样和出砂、出水流动实验等都取得了良好成效，为开发技术政策制定和砂水综合治理工艺技术的优化奠定了基础，总结提炼这一基础性研究工作是本书的重点之一。

　　涩北气田的高效开发，离不开高速发展的计算机技术的应用，特别是开发方案、开发调整方案编制都是建立在对气藏内幕精细地质建模和数值模拟研究认识基础之上的。涩北气田上千米的含气井段内砂、泥岩交互分布，气、水层间互分布；储层物性平面差异大、层间非均质性强；含气面积差异大、气水过渡带宽，部分气层存在气水界面倾斜现象，给精细地质建模带来了很大难度。与此同时，涩北气田开发走过了20多年的历程，拥有上千口井的海量动、静态资料，不同井区、不同层位的采出程度、地层压降、砂害水害程度等各不相同，多层气藏非均匀水侵、非均衡动用等给数值模拟工作带来前所未有的挑战，这也是本书涉猎的另外一项主要内容。

《多层疏松砂岩气藏开发机理研究与应用》主要源于国家科技重大专项"复杂天然气藏开发关键技术"中"疏松砂岩气藏长期稳产技术"课题攻关研究成果。本书旨在针对涩北气田独特的地质条件与开发特征，凸显基础实验研究技术的成果总结，凸显数值模拟研究方法的改进与实践，凸显矿场实用的控水、防砂技术探索和主体技术应用实效，重点展示读者所关心和关注的技术层面问题。

全书共分五章，第一章简述涩北气田独特的气藏地质与开发特征，由万玉金、钟世敏撰写；第二章重点介绍物理模拟实验技术与实验成果应用，由陈朝晖、胡勇撰写；第三章主要描述多层气藏地质建模与气藏数值模拟技术与方法，由万玉金、郭辉撰写；第四章重点介绍出水防治技术及应用、第五章阐述出砂防治技术及应用，由李江涛撰写。全书由万玉金和李江涛统稿。

在本书编写过程中，得到中国石油勘探开发研究院、中国石油青海油田分公司和西南石油大学各级领导的大力支持与帮助，同时"十三五"国家科技重大专项"复杂天然气藏开发关键技术"项目长贾爱林教授也对本书提出了许多宝贵的意见和建议，项目组成员唐海发、杨希翡等参与了本书稿件的修改工作，谨在此一并致以衷心的感谢！

鉴于著者水平有限，书中难免有疏漏和不当之处，恳请读者批评指正。

目录 /CONTENTS

第一章　气藏地质与开发特征 ·· 1

第一节　气藏地质特征 ·· 1

第二节　气藏开发特征 ·· 8

第三节　面临挑战与对策 ·· 18

参考文献 ·· 19

第二章　物理模拟实验研究 ·· 20

第一节　实验方案设计 ·· 20

第二节　微观渗流过程实验模拟研究 ·· 26

第三节　储层流动能力评价实验研究 ·· 40

第四节　气水分布规律及其影响因素的实验研究 ·· 79

第五节　非均匀水侵过程主控因素的实验研究 ·· 92

参考文献 ·· 112

第三章　气藏数值模拟研究 ·· 113

第一节　数值模拟技术发展 ·· 113

第二节　多层气藏数值模拟方法 ·· 116

第三节　涩北气田数值模拟 ·· 153

参考文献 ·· 165

第四章　气藏出水防治技术及应用 ·· 166

第一节　出水防治原则与综合施策 ·· 166

第二节　气井积液与气藏水侵识别 ·· 169

第三节　封堵工艺技术与应用 ·· 177

第四节　排水采气技术与应用 ·· 180

　　第五节　气藏水侵调控技术与应用 …………………………………………… 204

　　参考文献 …………………………………………………………………………… 211

第五章　气井出砂防治技术及应用 ……………………………………………… 212

　　第一节　防砂冲砂工艺技术 ……………………………………………………… 212

　　第二节　防砂冲砂技术应用 ……………………………………………………… 217

　　参考文献 …………………………………………………………………………… 220

后记 ………………………………………………………………………………… 222

第一章　气藏地质与开发特征

作为第四系浅层生物成因气藏，涩北气田具有独特的地质特征：一是储层岩石疏松，由于埋藏浅、压实作用弱，表现为储层以发育原生孔隙为主，孔隙度高，颗粒胶结程度弱，岩石强度低；二是多层，气藏在纵向上含气小层多，含气井段长，无论是在层内还是层间，均表现出一定的非均质性；三是气水关系复杂，各小层均具有各自的气水界面，成为独立的气藏，且含气面积大小不一，表现为气田高部位气层集中分布，构造翼部气水层频繁交互。

受客观地质条件影响，涩北气田表现出与众不同的开发特征：一是气井普遍出水，早期以产凝析水为主，随着地层压力下降，边水不可避免地从高渗层或距边水较近处侵入井底，随后层间接替水侵，总体表现出由边部向构造高部位逐渐水侵特征，部分层由于非均质特征明显，表现为非均匀水侵；二是气井易于出砂，由于胶结作用弱、岩石疏松，受流体冲蚀作用影响，储层易出砂，出水气井更加剧气井出砂；三是储量动用不均衡，由于层间物性差异大、各小层含气面积不均一、分层产量差异大，宏观表现为储量动用不均衡。

第一节　气藏地质特征

一、地理位置

涩北气田是涩北一号、涩北二号和台南三大气田的统称，位于青海省格尔木市境内（图1-1），地表以盐碱滩地和沼泽为主，中心地区广布现代盐湖，整体地势较为平坦，平均海拔2750m左右，区内年平均气温3.7℃，年平均降雨量50～250mm，年平均蒸发量2050mm，为典型的高原干旱气候。

区内基本上为无人区，植被稀少，周边地区工业也不发达。该区南缘有青藏公路和格茫公路，东端有敦格公路，北端有茶茫公路，区内还有通往各气田的简易公路。格尔木至西宁火车的开通，格尔木机场的建成通航，使该区的对外交通条件有所改善。涩北一号、涩北二号和台南三大主力气田距格尔木市180～200km，距敦煌市330～350km，距西宁、兰州700～900km，产气区距工业化大城市相对较远。

二、构造特征

涩北一号、涩北二号、台南背斜构造位于柴达木盆地东部三湖凹陷第四系湖泊区内，是台南—涩北二级构造带上的三个三级构造，为第四系形成的同沉积背斜，地下构造与地面构造基本相似，未发现断层切割，构造平缓，两翼地层倾角为1.0°～2.8°，属构造简单完整、隆起幅度小且两翼宽大平缓的典型背斜圈闭，K_7标志层各构造要素见表1-1。

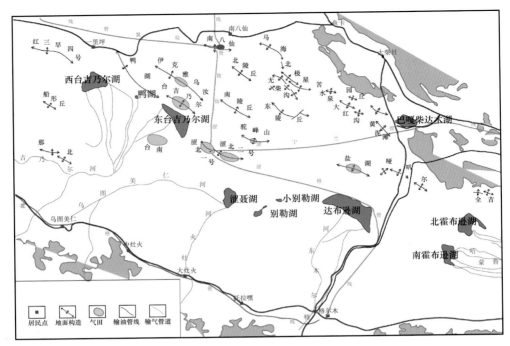

图 1-1　涩北气田区域位置图

表 1-1　涩北气田构造要素表（K_7）

气田	长轴走向	长轴（km）	短轴（km）	两翼倾角（°）		闭合面积（km²）	闭合高度（m）	高点埋深（m）
				南	北			
涩北一号	近东西向	10.0	5.0	2.0	1.5	49.8	50.0	1170.0
涩北二号	近东西向	14.5	4.3	2.8	2.2	59.4	60.0	1177.0
台南	近东西向	11.4	4.9	1.8	1.4	33.6	49.0	1169.0

三、沉积环境

第四纪中前期，柴达木盆地的中东部地区稳定沉降，发育面积约 40000km² 的大型沉积湖盆。第四纪中后期，由于气候的日趋寒冷、干旱，沉积湖盆逐渐萎缩消亡。在沉积湖盆的整个演化过程中，由于冰期与间冰期的交替出现，出现了多期较大规模的湖水进退。由于沉积面积和水体深度的交替变化，便形成了该区第四系以薄层砂岩、泥岩频繁间互为主的沉积特征。

沉积物颗粒较细，说明距离物源区距离较远，经过了长距离搬运，分选较好；沉积物颜色以浅灰色、灰色为主，广泛发育菱铁矿、黄铁矿，总体上为弱还原沉积环境；陆相生物介屑、植物碎片和炭质页岩，为陆相沉积；水平层理反映沉积时地形平坦，水动力条件弱而稳定；波状层理反映水介质稍浅、位于波浪面附近；块状构造反映沉积物质快速堆积。

根据沉积特征分析，第四系沉积环境整体以滨浅湖亚相为主。

四、岩石矿物成分

储层岩性主要是含泥粉砂岩，占样品总数的45.3%；其次是粉砂岩和泥质粉砂岩，分别占样品总数的26.6%和17.2%。

储层岩样粒度均值22.27μm，分布在15.6～31.2μm之间，占43.75%；粒度呈正偏态，最小值-0.05，最大值3.04，平均值1.38；分选较好，最小值1.28，最大值4.44，平均值2.13。

石英含量为19.9%～51.5%，平均为36%；斜长石含量为8.9%～19.2%，平均为13.8%；碳酸盐含量为9.4%～38%，平均为20.5%；有4块样品见黄铁矿，含量为0.4%～3.1%，平均为1.3%；黏土含量为12.8%～36.1%，平均为20.7%。

黏土矿物以伊利石为主，含量为32%～53%，平均为44.7%；其次是伊/蒙混层，含量为23%～50%，平均为34.6%；混层比为55%～80%，平均为65.5%；绿泥石含量为10%～16%，平均为12.8%；高岭石含量为7%～10%，平均为7.9%。

胶结物主要为泥质，其次为方解石，少量菱铁矿、黄铁矿。泥质呈鳞片—星点结构；方解石呈泥晶结构，多与泥质混合；菱铁矿呈泥晶结构，团块状分布；黄铁矿零散分布。

五、孔隙结构特征

1. 孔隙类型

砂岩储层以原生孔隙为主，仅有少量的次生孔隙。

1）原生粒间孔

原生粒间孔由于埋藏浅、机械压实作用较弱，原生粒间孔隙保存良好，在分析样品中出现频率达81.1%。原生粒间孔主要存在于粉砂岩、泥质粉砂岩及砂质条带中，多为沉积过程的泄水通道，连通性好，大多被菱铁矿等化学沉积物支撑呈张开状态，孔隙直径多为10～50μm，连通性好。

2）溶孔、溶缝

由不稳定矿物在成岩演化中被溶蚀而形成，孔隙直径普遍较大，但含量少于原生粒间孔隙。孔隙直径最大可达1mm，多为50～500μm，岩样统计溶孔面孔率最大为5%。溶孔、溶缝主要由后生的溶蚀作用形成，从电镜观察上看，这类孔隙主要在埋深大于900m的井段发育，在较浅层组发育程度低（图1-2）。尽管溶蚀孔隙数量略少，但孔隙直径大，在这类孔隙发育区内储集空间得到了极大改善。

3）微裂缝

微裂缝存在于一些粉砂质泥岩和具有砂质条带的泥岩中，多为成岩裂缝，其最大缝宽20～40μm，延伸长度可达1mm，与砂质条带沟通，提供了很好的渗流通道。统计134个微裂缝发育样品，粉砂质泥岩样品占73.1%，泥质粉砂岩样品仅占26.9%。

4）晶间孔

常见伊/蒙混层内伊利石晶间孔隙，在白云石等碳酸盐晶体中也见此类孔隙。晶间孔一般较小，为1～10μm，分布频率远低于粒间孔。

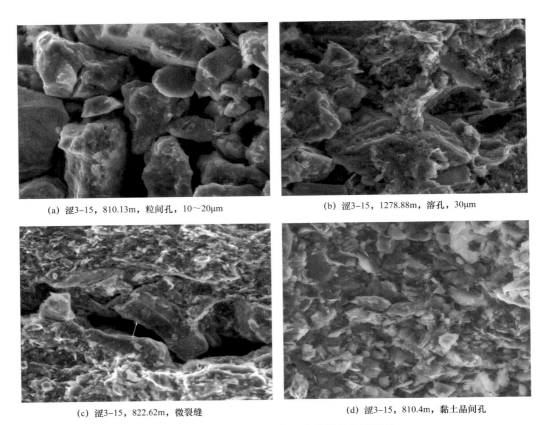

(a) 涩3-15，810.13m，粒间孔，10～20μm   (b) 涩3-15，1278.88m，溶孔，30μm

(c) 涩3-15，822.62m，微裂缝   (d) 涩3-15，810.4m，黏土晶间孔

图 1-2 涩北一号气田典型孔隙类型电镜照片

2. 孔隙结构特征

储层按孔隙结构分为三类（图 1-3）：一类是以粒间孔为主的粉砂岩储层，分选较好，渗透率 12.8～78.0mD，平均为 45.8mD；二类是以微裂缝发育为主的粉砂质泥岩储层；三类是以晶间孔为主的泥岩储层，存在少量微裂隙，连通性较差。

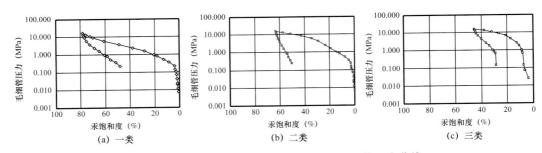

(a) 一类   (b) 二类   (c) 三类

图 1-3 涩 3-15 井不同类型孔隙结构的毛细管压力曲线

总体上储层孔喉半径为 0.10～10.21μm，平均为 1.34μm；排驱压力中等一较低，为 0.07～7.6MPa，平均为 2.65mPa；分选系数为 1.45～3.22，平均为 2.03；偏态为 -6.22～ -0.41，平均为 -2.79，为负偏态；峰态为 2.16～26.81，平均为 12.95。

渗透率与孔隙结构参数关系呈现良好的相关性（图 1-4 至图 1-7），渗透率与最大孔喉直径、排驱压力等参数的相关系数可达 0.8 以上，孔喉中值半径大、喉道平均直径大、排驱压力小的岩石具有较高的渗透率。渗透率与孔喉分布的参数偏态、峰态等关系更为密切，相关系数可达 0.89 以上。

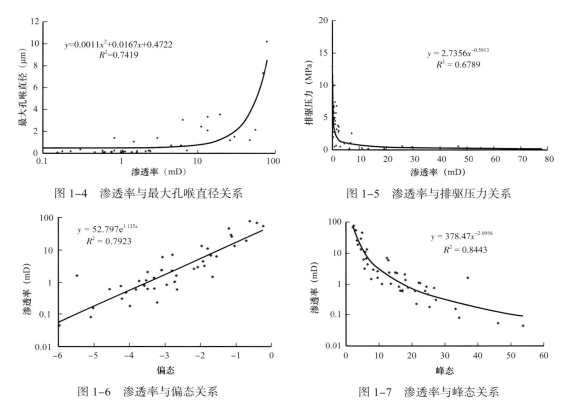

图 1-4　渗透率与最大孔喉直径关系　　　　图 1-5　渗透率与排驱压力关系

图 1-6　渗透率与偏态关系　　　　　　图 1-7　渗透率与峰态关系

六、储层非均质特征

涩北气田总体表现为较强的储层非均质特征。层内非均质性较严重，部分小层岩心渗透率级差超 1000；层间非均质程度总体呈中等水平，局部非均质性较强，且具有由浅至深渗透率非均质性逐渐增强的趋势；平面上，砂岩展布连续，有效储层连通性好，同一小层中各井的渗透率相差也较大，平面非均质程度为中等—强。

1. 层内非均质性

层内非均质性主要指气层内部垂向上渗透率的差异，根据涩试 2、涩 30、涩 3-15 三口井 351 块岩心渗透率分析数据，层内渗透率级差为 12.1～7740.0，变异系数为 0.87～4.35，突进系数为 2.01～28.1，说明层内非均质性较严重，这与岩心观察到的砂泥岩混杂、纯砂岩少、储层中水平—微波状层理十分发育是一致的。

2. 层间非均质性

层间非均质性是指各小层之间渗透率的差异性，即各种沉积条件和环境下的储层在剖面上变化的规律性。

表 1-2　涩北一号气田取心井层内渗透率非均质性参数计算结果表

井号	气层组	小层号	样品数	K_{max}（mD）	K_{min}（mD）	$K_{平均}$（mD）	渗透率级差	变异系数	突进系数
涩试 2	2	2-4-4	8	13.30	1.10	6.63	12.1	0.88	2.01
	3	3-1-2	16	387.00	0.05	32.46	7740.0	2.86	11.92
		3-1-3	37	28.30	0.04	7.53	707.5	1.18	3.76
		3-1-4	23	46.80	0.02	9.62	2340.0	1.39	4.86
		3-2-1	48	65.90	0.22	7.54	299.6	1.73	8.74
		3-2-3	10	88.30	0.20	11.82	441.5	2.19	7.47
涩 30	1	1-4-7	30	8.85	0.24	3.16	37.7	0.87	2.80
	2	2-1-1	40	392.00	0.18	13.95	2202.3	4.35	28.10
		2-1-2	43	21.60	0.14	3.88	151.1	1.20	5.57
		2-1-4	8	142.00	1.11	20.71	127.9	2.22	6.86
		2-1-5	14	24.80	1.39	6.45	17.8	0.91	3.84
涩 3-15	1	1-3-3	16	229.00	6.08	51.24	37.7	1.18	4.47
		1-4-1	13	222.00	1.36	51.54	163.2	1.24	4.31
	3	3-3-2	12	246.00	0.03	46.20	7321.4	1.67	5.32
		3-3-4	4	209.00	7.22	64.04	29.0	1.45	3.26

注：K_{max}、K_{min} 和 $K_{平均}$分别为最大、最小和平均渗透率。

采用小层平均值进行层间渗透率统计表明：层间渗透率具有一定的非均质性，各层组内小层的渗透率级差最大可达 10.59，变异系数为 0.33～0.74，突进系数为 1.40～2.21，属于中等较强的层间非均质性（表 1-3）。

表 1-3　涩北一号气田取心井层间渗透率非均质性分析结果表

井号	气层组	砂组	层数	K_{max}（mD）	K_{min}（mD）	渗透率级差	变异系数	突进系数
涩试 2	3	3-1	3	32.46	7.53	4.31	0.68	1.96
		3-2	3	11.82	4.92	2.40	0.60	1.46
涩 30	2	2-1	5	20.71	1.96	10.59	0.74	2.21
涩 3-15	1	1-3	3	51.24	17.99	2.85	0.40	1.50
	3	3-3	3	64.04	26.90	2.38	0.33	1.40

3. 平面非均质性

由于沉积时物源供给物质的差异及水动力条件的强弱差异，气田中各小层平面非均质程度也存在明显的差异。统计变异系数小于0.5的有9层，占总数的9.6%，变异系数为0.38~0.49，为弱非均质程度；变异系数为0.5~0.7的有26层，占总数的27.7%，为中等非均质程度；变异系数大于0.7的有59层，占总数的62.7%，为强非均质程度。

七、气水分布特征

多层疏松砂岩气田纵向上通常由多个气藏叠置而成，分布井段长，埋藏浅，具有上部和下部气藏规模较小、中部气藏规模较大的特点（图1-8）；构造高部位气层多、有效厚度大，构造低部位气层少、厚度小，部分井甚至无气层；单气层厚度差异不大，含气面积差异较大，最小的含气面积1.3km²，最大的含气面积达到46.9km²。

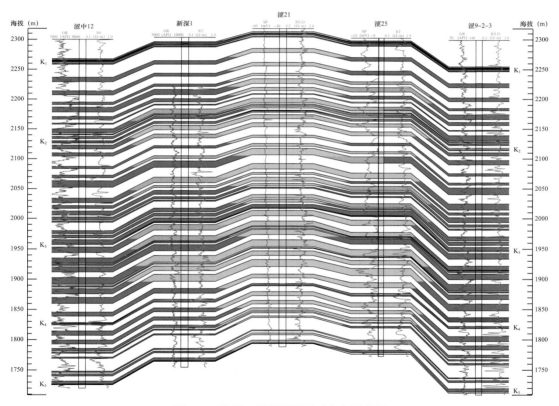

图1-8　砂岩、泥岩频繁间互分布示意图

受含气面积和地层倾角差异的影响，各小层气柱高度相差较大。涩北一号气田最小含气高度仅为3.0m，最大含气高度达到87.1m，含气高度相差超过20倍。从小层含气高度直方图上可看出（图1-9），由浅至深，从0气层组到3气层组，气柱高度逐渐增加，而从4气层组起，气柱高度逐渐减小。主要是受气源条件、圈闭幅度和盖层条件等成藏因素影响，纵向上含气性出现差异；中部气源丰富、圈闭幅度大而盖层条件优越，则含气范围广、气柱高度大。

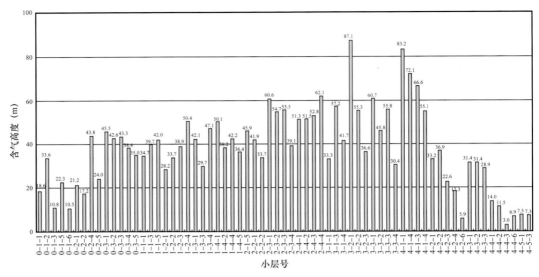

图 1-9 涩北一号气田小层含气高度直方图

第二节 气藏开发特征

涩北一号气田于 1995 年投入试采生产，2003 年规模建产；涩北二号气田于 1998 年 4 月进入试采评价，2005 年规模建产；台南气田 2005 年正式试采开发，2008 年规模建产。2010 年涩北气田产量达到 $54.09 \times 10^8 m^3$，随着产量规模超过 $50 \times 10^8 m^3$，气藏出水日趋提升，涩北气田进入控水与开发调整阶段，经过综合防治，气田日产气量总体趋于稳定，在年产 $50 \times 10^8 m^3$ 水平上稳产超过 10 年（图 1-10）。

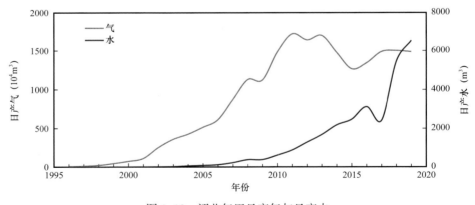

图 1-10 涩北气田日产气与日产水

一、出水特征

对于涩北多层疏松砂岩气田，由于构造幅度低、边水范围大、纵向层数多、构造翼部气水层交互、气水边界难以准确识别等特殊的地质条件，使得气井具有客观潜在的出水风险，而防砂、冲砂和各种措施作业也会加剧气井出水的复杂性。因此，从地质条件与开发特征出发，依据气井出水类型的组合方式，总结出气井出水模式；在此基础上，进一步分析了气井和气藏的出水规律；最后，阐述了气井出水对于开发生产的影响。

1. 气井出水模式

按出水类型的组合关系划分，气井出水主要可以归结为三类模式：产凝析水模式、产可动水模式和边水侵入模式，见表1-4。

表1-4　涩北气田气井出水模式表

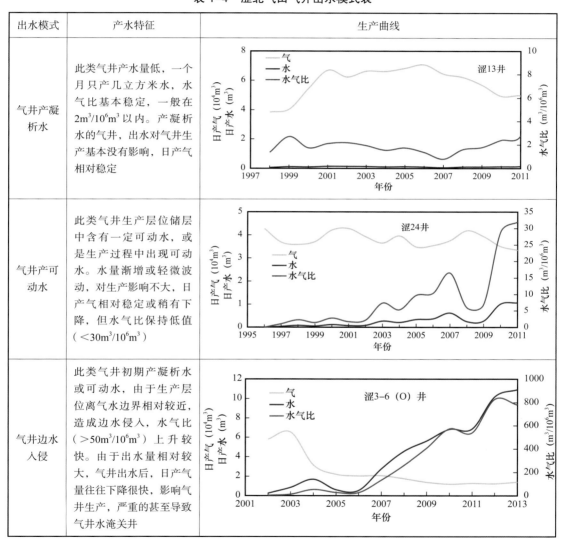

出水模式	产水特征	生产曲线
气井产凝析水	此类气井产水量低，一个月只产几立方米水，水气比基本稳定，一般在 $2m^3/10^6m^3$ 以内。产凝析水的气井，出水对气井生产基本没有影响，日产气相对稳定	
气井产可动水	此类气井生产层位储层中含有一定可动水，或是生产过程中出现可动水。水量渐增或轻微波动，对生产影响不大，日产气相对稳定或稍有下降，但水气比保持低值（$<30m^3/10^6m^3$）	
气井边水入侵	此类气井初期产凝析水或可动水，由于生产层位离气水边界相对较近，造成边水侵入，水气比（$>50m^3/10^6m^3$）上升较快。由于出水量相对较大，气井出水后，日产气量往往下降很快，影响气井生产，严重的甚至导致气井水淹关井	

2. 气藏出水规律

与层状气藏和块状气藏不同，多层气藏出水有其特殊的规律。为准确认识出水规律，采用逐步递进的原则，首先从单井出水分析开始，然后分析气藏的出水特征，总结出水规律。

1）气井出水特征

在进行多层合采时，气井出水规律从总体上遵循上述单井出水模式。此外，对于多层合采井，由于各射孔层储层物性的差异和含气饱和度的不同，以及距气水界面距离差异，导致气井出水的差异，应用产气剖面测试成果可以很清楚地直接观察到这些差异。对于受边水侵入影响的气井，主要表现为部分小层出水，当多层出水时又表现出具有一定的先后顺序。

（1）部分产层出水。

由于存在层间非均质性，纵向上层与层之间渗透率和饱和度存在差异，在相同的生产条件下，各个小层的产液量差异也很大。由于分层采气强度差异，以及距边水距离和边水能量的不同，也导致不同含气小层边水侵入的差异性。

（2）边水逐步侵入。

由于层间非均质和开采强度差异，导致各射孔层边水侵入的差异，不同小层出水时间存在差异，当多个小层出水时，表现出边水逐层侵入的特征，出水量也随之变化。产出水既降低了出水层的产气量，也影响了全井的产气能力。

2）气藏出水规律

在气井出水规律认识的基础上，将同一开发层系或射孔单元气井的出水情况进行系统分析，从而认识气藏的出水规律。

（1）气井普遍产水，构造高部位以凝析水为主。

涩北气田的气井普遍产水，即使处于构造高点的气井也产少量的水。在构造高部位，由于含气饱和度高，远离边水，因此气井产水量很低且较稳定，水气比一般低于$0.2m^3/10^4m^3$（图 1-11），产出水主要为凝析水和可动水，出水对气井产量影响不大。

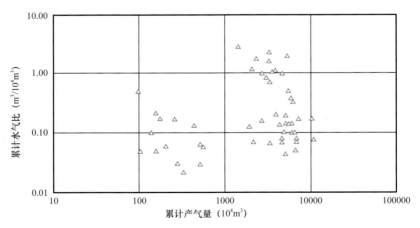

图 1-11　涩北二号 B 层组累计水气比—累计产气量分布图（2010 年 11 月）

（2）构造翼部边水侵入是气藏出水的主要原因。

气藏翼部气井出水的类型包括边水侵入和层间水窜，其中边水侵入是出水类型和影响气井生产的主要因素。在气田开发过程中，依据气藏特点和储量分布特征，优化推荐"顶密边疏，远离气水边界"的布井方式。即使如此，也难以避免边水侵入的影响，主要原因包括以下三个方面：一是由于不同小层含气面积差异较大，在层系组合后仍有部分小层含气面积相对较小，部署在构造边部的气井客观上难免距离气水边界较近；二是向构造翼部含气饱和度小，并且气藏具有较宽的气水过渡带，且测井曲线中存在"低阻气层、高阻水层"的电性特征，导致准确确定气水边界的位置比较困难，即使采用距气水边界500～800m的方案进行井网部署，也难免由于认识问题导致部分气井距气水边界较近；三是层间非均质性及平面非均质性均较强，部分井虽然远离气水边界，也可能由于储层物性好、采气强度高而导致边水侵入。

因此，在多层合采条件下，边水侵入难以避免。在开发过程中，需要认真考虑如何将其影响降低到最低程度。如涩北二号B层组，累计产水量高的气井主要分布在气藏边部，产出水主要为边部侵入的地层水。相对而言，南部比北部出水高，西部比东部出水高（图1-12）。

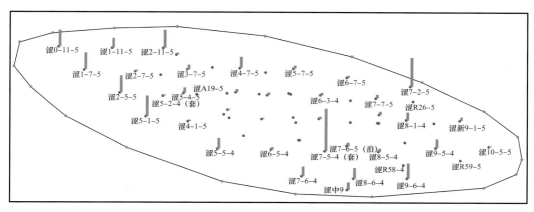

图 1-12　涩北二号 B 层组累计产水量分布图（2010 年 11 月）

（3）部分气层水侵是气藏水侵的主要特征。

多层合采过程中，层间含气面积和储层物性的差异是导致不同小层水侵存在差异的主要原因，开采过程中并非所有的射孔层均产水，而只是部分层产水。主要的出水层可分为两类：一是含气面积小，距气水边界近的层易出水；二是储层物性好，局部开采强度高的层易出水。

3. 气井出水对生产的影响

1）降低气井产能与产量

出水气井由于增加了水相流动，提高了气体的流动阻力，降低了气相的有效渗透率，从而降低了采气指数和气井的绝对无阻流量（表1-5）。

2）加剧气井出砂

对于疏松砂岩气藏，气井出水除了影响天然气的产出以外，还加剧了气井出砂。气井出水量越大，砂面上升速度越快，两者呈正相关关系（图1-13）。统计表明：当日产水量小于$1m^3$时，气井砂面平均年上升速度为31.4m/a；当日产水量大于$1m^3$时，气井砂面上升速度明显增大，平均年上升速度为87.5m/a。

表 1-5　涩北一号气田气井出水前后无阻流量对比

序号	低产水阶段		高产水阶段		产能降幅
	无阻流量 (10^4m³/d)	出水量 (m³/d)	无阻流量 (10^4m³/d)	出水量 (m³/d)	(%)
1	84.94	0.11	25.19	2.1	70.3
2	24.42	0.34	20.51	1.63	16.0
3	70.33	0.16	24.16	2.58	65.6
4	118.3	0.03	29.64	0.64	74.9
5	63.46	0.12	48.64	0.84	23.4
6	38.95	0.07	16.42	1.12	57.8
7	29.27	0.18	19.98	1.82	31.7
平均	61.38	0.14	26.36	1.53	48.6

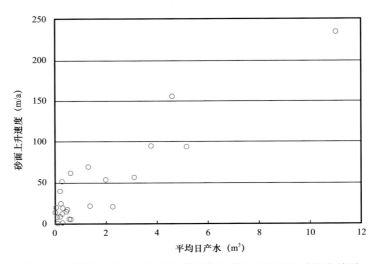

图 1-13　涩北二号气田出砂气井平均日产水与砂面上升速度关系

3）降低气藏的采收率

统计表明：弹性气驱气藏采收率为 70%～95%，而水驱气藏采收率一般为 45%～70%。涩北气田由于埋藏浅，原始地层压力相对较低；含气层数多，气水关系复杂，气井出水会影响气田采收率。

如涩 29 井（图 1-14），利用出水前期压降曲线分析，该井的可采储量为 1.7474×10^8m³，目前累计产气量为 0.3432×10^8m³，剩余可采储量应该是 1.4042×10^8m³，可该井目前已经水淹停产，即该井实际还有 1.4042×10^8m³ 的储量未被产出。水侵严重降低该井可采储量。

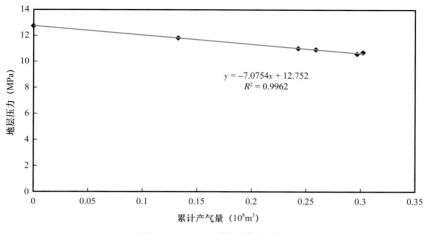

图 1-14　涩 29 井压降曲线图

二、出砂特征

涩北气田储层为第四系疏松砂岩地层，由于储层胶结程度弱、岩石强度低，疏松砂岩气藏在开发过程中地层出砂是一种普遍现象。地层出砂或被带出地面，或沉到井底，都会不同程度地影响气井生产。带出地面的砂对井筒造成损害，同时还影响地面集输系统；沉到井底的砂埋没气层，直接影响生产。

1. 出砂类型

油气井出砂通常是井底附近地带的岩层结构遭受破坏引起的，其中弱胶结或中等胶结地层的出砂现象较为严重。由于这类岩石胶结性差、强度低，一般在较大的生产压差时，就容易造成井底周围地层发生破坏而出砂。地层中出的砂包括地层砂和骨架砂两种。地层砂指充填于颗粒孔隙间的黏土矿物或岩屑，这些颗粒由于胶结弱，当地层孔隙中存在流体流动时，由于流体的拖拽作用很容易从地层中脱落随流体一起产出。不少人认为地层砂的适当产出，有利于疏通地层中的渗流通道，起到提高地层渗透率的效果。骨架砂是指砂岩中的骨架颗粒，这种颗粒只有在地层遭到剪切破坏之后，骨架颗粒之间失去岩石的内聚力，颗粒很容易在流体的冲蚀作用下脱离骨架表面。骨架砂的产出对地层有很多不利的影响，由于骨架颗粒较大，在随流体运移的过程中容易引起喉道的堵塞，且大量的骨架砂出来之后将会引起地层的坍塌，从而破坏地层的生产能力。

总的说来，气井出砂一般是由于井底附近地带的岩层结构遭受破坏所引起的，其中出砂现象比较严重多为弱胶结或中等胶结地层。这主要是因为这类地层岩石胶结强度较差，当受到大的生产压差作用时，极易造成地层破坏从而导致出砂。骨架砂和地层砂是出砂的两个主要来源。岩石中的骨架颗粒，当其在遭受拉伸破坏和剪切破坏作用时，由于颗粒相互之间内聚力小，在流体的冲蚀作用下颗粒比较容易从骨架表面脱离。

2. 出砂影响因素分析

地层出砂受多种因素影响，通过对岩石破坏的力学机制分析可知，主要影响因素包括地层应力条件、地层岩石强度、生产压差和地层出水四个方面。

储层埋藏浅，压实作用弱，岩石密度相对低，平均为 $1.8g/cm^3$，而孔隙流体压力相对较高，气藏压力系数为 1.14。因此，净有效上覆应力（上覆地层应力相与孔隙流体压力差）较小，变化范围也相对较小，由此影响相对较小。

储层泥质含量高，伊利石、蒙皂石等易分散型黏土矿物多，岩石强度低，粉砂岩单轴抗压强度在 1.7～2.9MPa 之间，杨氏模量在 21～79MPa 之间，内聚力为 0.54～0.86MPa。岩石强度很低，易于出砂。

在试气或生产过程中，若放大气嘴，降低井口压力，则相应增大了井底的生产压差，将导致气井出砂加剧。从出砂气井平均生产压差与砂面上升速度的关系可以看出，生产压差越大，砂面上升速度就越快。

出水是加剧气井出砂的另一个最主要因素。出水使地层中由单相气流动变为气水两相流动。出水后渗流阻力增大，导致气水两相流动的携砂能力比单相气流的携砂能力更强，地层的临界出砂速度将会降低，地层将更容易出砂。

3. 出砂特征

气井维护作业及探砂面资料显示，涩北气田的所有气井都或多或少地存在出砂和砂面上升的现象。由于天然气的携砂能力很差，只有极少部分的砂能够被带出地面，因而大部分产出砂都沉在井底，造成砂面上升。

1）出砂特征

根据对涩北气田气井出砂特征分析，出砂有以下五种情况。

（1）仅在试气过程中出砂，在生产过程中不出砂。如涩北一号气田的涩试 4 井、涩 4-7 井，主要原因是试气过程中工作制度频繁改变、激动过大，使储层岩石的受力状况发生变化，导致气井出砂。

（2）试采投产初期出砂，在生产过程中不出砂。如涩北一号气田的涩试 2 井、涩 4-1 井和涩 4-6 井等，主要是钻井过程中破坏了近井区域的应力状态，导致储层变形而出砂，当重新建立平衡后，即停止出砂。

（3）在生产过程中开关井频繁，关井一段时间后再开井生产后气井出砂，出砂原因：一是停产后导致井底积液，降低了地层的临界出砂压差；二是由于开井激动造成的，如涩北二号气田涩中 9 井、涩 28 井等。

（4）在生产过程中改变工作制度，提高产量后气井出砂，包括放大压差提高单井产量的先导试验，以及稳定试井放大工作制度增加产量。如涩北二号气田涩 26 井，生产气嘴由 4mm 换到 6mm 后气井出砂，出砂原因主要是生产压差超过了临界出砂压差。

（5）在生产过程中气井产水量增大时出砂，如涩北二号气田涩中 1 井在产水量增大时出砂。

生产过程中气井出砂对开发影响较大，因此需要合理控制生产制度，条件适宜的气井实施防砂工艺措施，并保持气井稳定生产，以便降低气井的出砂风险。

2）生产压差对出砂的影响

从出砂井平均生产压差与砂面上升速度的关系图中可以看出，生产压差越大，砂面上升速度就越快（图1-15）。控制生产压差在地层压力的10%以内时，砂面上升速度较慢，平均为14.5m/a；当生产压差超过地层压力的10%以后，砂面上升速度将急剧上升，平均达到34.2m/a。防砂作业显著降低了气井砂面的上升速度，起到较好的防砂、控砂效果。

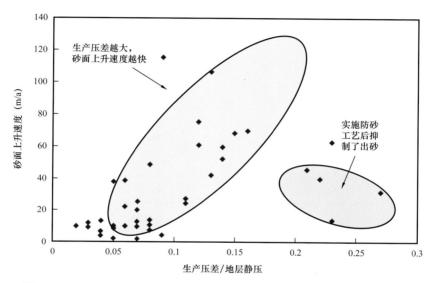

图1-15　2007—2008年砂面上升速度与生产压差/地层静压关系统计数据

3）出水对出砂的影响

出水是加剧气井出砂的最主要因素之一。对于黏土矿物含量高的疏松砂岩，水侵后将打破原有平衡，加剧水化膨胀，砂粒间的附着力减小，地层的强度被大大降低，导致胶结砂变成松散砂；另外，气水两相流对孔隙喉道的剪切应力增加，使砂岩的胶结更容易遭到破坏；气水两相流动的携砂能力比单相气流的携砂能力强，也使地层更容易出砂。

三、非均衡动用

涩北气田多层且储层非均质性较强，影响了储量均衡动用。

1. 气井产能分布范围较大

涩北一号气田气井产能随深度增加而增加，1层系至4层系无阻流量分别为小于$20 \times 10^4 m^3/d$、$16.0 \times 10^4 m^3/d$、$30.0 \times 10^4 m^3/d$、$40 \times 10^4 m^3/d$（表1-6）。总体以中—低产为主，无阻流量小于$30 \times 10^4 m^3/d$的井数约占总井数的58%，均匀分布在各个开发层组；无阻流量超过$50 \times 10^4 m^3/d$的井共10口，约占总井数的18%，主要集中在4层组。即使在同一层系内，测试无阻流量变化范围也很大，表明平面上储层的非均质特征与储层静态参数特征基本一致。

表 1-6　涩北一号气田分层系气井产能分布数据表

层系	参数	不同无阻流量下的产能分布				
		$<20 \times 10^4 m^3/d$	$(20\sim30)$ $\times 10^4 m^3/d$	$(30\sim40)$ $\times 10^4 m^3/d$	$(40\sim50)$ $\times 10^4 m^3/d$	$>50 \times 10^4 m^3/d$
1 层系	层数	1	0	0	0	0
	比例	100.00%	0	0	0	0
2 层系	层数	7	3	0	0	0
	比例	70.00%	30.00%	0	0	0
3 层系	层数	5	6	3	3	2
	比例	26.32%	31.58%	15.79%	15.79%	10.52%
4 层系	层数	4	7	6	2	8
	比例	14.81%	25.93%	22.22%	7.41%	29.63%
合计	层数	17	16	9	5	10
	比例	29.83%	28.07%	15.79%	8.77%	17.54%

2. 储层非均质性及部分产层出水影响了储量动用

储层非均质性较强，纵横向产量贡献差异均较大。产气剖面测试结果表明，各井在纵向上产量贡献差异非产大，涩 4-2 井与涩 4-12 井，4-1-1、4-1-4 和 4-1-6 小层产量贡献大，而 4-1-3 小层均未产气（图 1-16）。通过对 2007 年 65 口井产气剖面的数据分析，大约 11% 的气层尚未动用（图 1-17）。

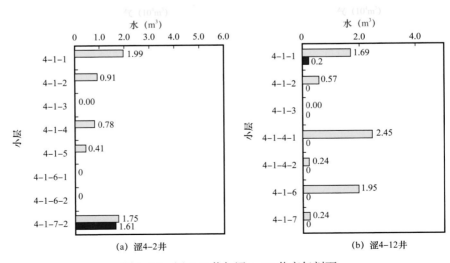

图 1-16　涩 4-2 井与涩 4-12 井产气剖面

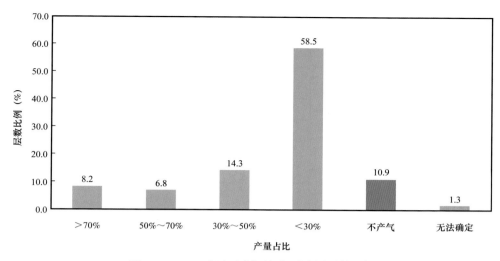

图 1-17　2007 年产出剖面气相对产量层数比例

3. 层间地层压力存在较大差异

从单井分层测压结果看，涩2-1、涩2-2、涩3-1、涩3-2四口气井各小层之间地层压力均存在一定差异，在0.6～1.0MPa之间（表1-7，表1-8）；单井最大静压力与最小静压力差值分别为0.80MPa、0.97MPa、0.62MPa、0.67MPa。

表 1-7　涩北一号 2-3 层组小层静压数据表　　　　　　　　　（单位：MPa）

井号	分层压力				最大—最小静压力差	合层压力
	2-3-1 小层	2-3-2 小层	2-3-3 小层	2-3-4 小层		
涩 2-1	—	8.63	7.83	7.89	0.80	7.89
涩 2-2	7.3	8.27	—	—	0.97	7.50

表 1-8　涩北一号 3-1 层组小层静压数据表　　　　　　　　　（单位：MPa）

井号	分层压力			最大—最小静压力差	合层压力
	3-1-1 小层	3-1-3 小层	3-1-4 小层		
涩 3-1	9.22	9.58	8.96	0.62	9.29
涩 3-2	—	9.07	8.4	0.67	8.75

从气藏纵向上看，各层组的地层压力下降并不均衡，地层压力系数下降幅度差异较大，总体表现为深部下降大、浅部下降小的特点。总体上看，2019年地层压力系数分布在0.52～1.10之间（图1-18）。

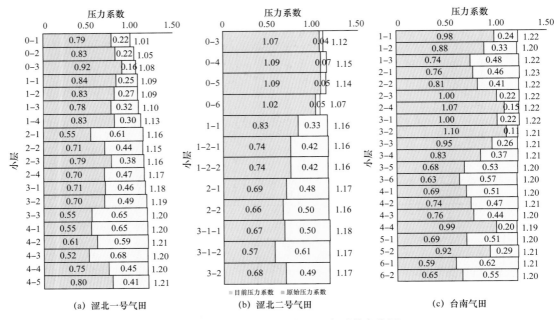

图 1-18 涩北各气田纵向上压力系数变化图

第三节 面临挑战与对策

一、微观物理模拟实验

涩北气田属于典型的多层疏松砂岩气藏，砂岩储层颗粒细、泥质含量高、非均质性强，开发过程中气井普遍出水、出砂，国内外相似气田的开发理论和开发经验都很缺乏。针对涩北气田独特的地质与开发特征，自投入开发之日起，始终致力于实验技术的攻关，经过长期探索与实践，取心技术和实验研究的深度、广度都不断发展，保形保压取心、液氮冷却岩心钻样和出砂、出水流动实验等都取得了良好成效，另外还研发针对多层合采产生的层间干扰、储量动用不均衡等渗流机理研究的特色实验。本书将系统介绍适用于多层疏松砂岩气藏开发评价的物理模拟实验新技术、新方法。

二、多层气藏数值模拟

涩北气田含气层数多、出水类型多样，单层均具有独立的气水界面，储层非均质性强，造成层内边水非均匀推进、层间采出程度存在差异。常规的数值模拟方法难以准确拟合多层合采气井的生产历史，需要建立适用于具有复杂流体分布与流动特征的精细数值模拟技术，以及多层多水源出水气藏的历史拟合方法。

三、出水出砂综合防治

涩北多层疏松砂岩气藏在开发过程中，出现水侵面积逐渐增大、气藏出水规律复杂、出水气井压力和产能下降快、出水加剧出砂等问题，严重影响气田开发的综合效益。需要整体考虑，以保护气藏为出发点，实施均衡开采、防控结合、砂水同治，建立一套适合多层疏松砂岩气藏的砂水综合防治的技术体系。

参 考 文 献

马力宁，王小鲁，朱玉洁，等.2007.柴达木盆地天然气开发技术进展［J］.天然气工业，27（2）：77-80.

李熙喆，万玉金，陆家亮.2010.复杂气藏开发技术［M］.北京：石油工业出版社.

万玉金，李江涛，杨炳秀.2016.多层疏松砂岩气田开发［M］.北京：石油工业出版社.

周治岳，刘俊丰，温中林，等.2019.涩北气田多层合采井分压测试技术［J］.油气井测试，28（2）：20-26.

第二章　物理模拟实验研究

涩北气田含气层系埋藏浅、储层胶结程度差、成岩作用弱、含气井段长、气层多而薄、砂泥岩互层、平面及纵向非均质程度强、气水关系复杂，随着气田开发规模的增加和开发时间逐年增长，在开发过程中逐渐暴露出一些影响开发效果的关键难题，例如，疏松砂岩的压实和层内、层间出水降低了地层中流体的流动性，导致气井产能降低和可采储量减小；出水加剧出砂，导致近井带地层淤塞，使得气井产能下降；合采层的层间干扰导致出现层间超覆水封气，非均衡的平面水侵导致出现平面绕流水封气，均会降低天然气的采收率。

综合利用柱塞岩心、全直径岩心、填砂人造岩心、填砂箱体和填砂薄片，通过对气排水成藏过程和水驱气开发过程的微观可视化观测、驱替过程流量及压力变化的监测、水驱前缘形态的跟踪，结合渗流力学理论及原理，针对多层出水疏松砂岩气藏开采过程中的特殊渗流过程及机理，包括气—水—砂的微观渗流过程及机理、气水流动能力的影响因素、气水的微观及宏观分布规律、非均匀水侵过程的影响因素等进行了模拟实验和分析讨论，为涩北气田的数值模拟研究提供了详细的渗流模型和参考数据，为涩北气田开发中后期稳产及调整方案的制定提供了理论依据。

第一节　实验方案设计

一、实验目的

以多层出水疏松砂岩气藏储层岩石中流体渗流机理为研究目标，立足于典型岩样基础物性参数的测试和气水流动的观测，模拟不同开发条件下的气水运动过程及气水分布，通过一系列渗流过程的观察和测试数据的分析，研究储层岩石渗流能力的各种影响因素及其对气井产能的影响程度，为涩北气田出水气井的生产动态分析及气水产量预测提供理论依据，为气田开发的调整和挖潜政策制定提供参考。

二、相似准则

针对柱塞岩心的驱替实验，能够设计、控制的参数主要是流入端和流出端的压力；针对填砂岩心的驱替实验，能够设计、控制的参数还包括填砂粒径的组成方式及岩心的渗透率；针对填砂板和填砂箱模型，能够设计、控制的参数还包括渗透率的分布模式及渗透率级差。

为了确保实验结果的合理性和实验认识对矿场的可参考性，实验中的渗流过程与真实储层须具有一定的一致性和相似性。针对以上可设计、可控制参数，建立以下实验相似准则。

1. 孔径级差相似

从微观孔道网络流动的角度，在压力梯度、气水黏度、流动方向确定的条件下，渗流规律的主控因素是孔道内的流动阻力，取决于岩石润湿性和孔道结构，填砂模型中能够控制的是孔径的分布模式，可简单表示为孔径的级差。

首先获取储层典型岩样的孔径分布范围，统计出孔径级差，然后采用与储层岩石粒径分布范围相似的玻璃微珠、石英砂、水泥制作填砂模型，通过填砂材料的粒径组合，得到与目标储层岩石相似的孔径级差。

2. 层间渗透率级差相似

气水流速的层间差异，是多层合采井气水产量变化规律，包括水侵层间超覆现象的主控因素，在压力梯度与驱替流体一致的前提下，层间流速的差异主要取决于层间渗透率级差。

利用并联的一维填砂管，通过填砂材料的粒径组合，得到与目标储层相似的层间渗透率级差。改变填砂材料的粒径组合方式，设定不同的驱替压差，测试并联管流量，以此研究层间非均质性对多层合采流动规律的影响。

3. 平面渗透率级差相似

气水流速的差异及其空间分布是平面非均质储层气水运动规律，包括平面非均匀水侵现象的主控因素，在压力梯度与驱替流体一致的前提下，平面气水运动规律主要取决于平面渗透率的级差及相对高渗带的空间分布。

利用平面填砂板和填砂薄片模型，通过填砂材料的粒径组合，得到与目标储层相似的平面渗透率分布模式及平面渗透率级差分布范围。改变填砂材料的粒径组合方式，设定相对高渗带的宽度和不同的驱替压差，测试填砂板出口端的流量，以此研究平面非均质性对水驱气藏流动规律的影响。

4. 气水黏度比相似

黏度比是气水运动规律的主控因素，因为填砂模型中没有黏土矿物，因此不需要配置具有各种矿化度的地层水，采用 25℃黏度为 0.8mPa·s 的纯净水模拟地层水即可得到实际地层的气水黏度比。

5. 渗流速度相似

气水渗流速度大小和方向的差异决定了气水运动的规律，注采井距和注采结构的调整，都是为了均衡水驱气渗流速度的差异，进而提高水驱波及范围和波及系数。气水运动规律决定了气水产量的变化特征，同时，气水运动规律也是气水渗流过程的结果，气水渗流过程取决于气水渗流速度的方向及其差异。

因此，在物模实验中，保持模型中渗流速度与实际储层中的一致。在物模实验的具体操作中，在模型与储层渗透率一致的前提下，根据达西渗流公式，需要具有相同的压力梯度。实际储层的压力梯度可根据生产压差和径向距离获得，模型中的压力梯度可根据模型长度与端部压力差计算得到。

三、取心工艺

由于疏松砂岩储层埋藏浅，成岩性较差，岩石颗粒间胶结程度较低，利用常规地层取心技术，保形困难，难以取到理想的、完整的全直径岩心。除此之外，取心钻头和取心工具的旋转与振动，也易造成固结程度较低的疏松砂岩岩心的断裂与破碎。因此，对于疏松砂岩的取心和制样，有以下专门工艺。

1. 密闭直接取心

密闭直接取心有利于提高疏松地层的岩心收获率。该工艺采用岩心筒衬筒或一次性内岩心筒，使之轻轻滑过疏松岩心，然后用密封圈在岩心筒底部把岩心密封在取心筒内，从而完成取心。该技术把对岩心的伤害降到最低。

2. 橡胶套筒直接取心

在取心过程中，其内筒顶部相对于岩心没有运动，外筒绕着岩心柱向下钻进，在钻进过程中，橡胶套筒（松弛状态下的套筒直径小于岩心直径）逐渐把岩心柱紧紧包裹住，使其免受钻井液的冲刷。岩心由于有橡胶套筒的支撑，因而也有助于提高疏松地层岩心的收获率。

3. 明胶涂层制样

将砂粒用明胶和水充分混合；然后加热，被融化的明胶对砂粒具有涂层和覆膜的作用；再将干燥的明胶覆膜砂粒放入模具中冷却；然后通过蒸汽，使明胶水化和融化，从而在连续的砂粒之间产生黏结力，形成一个成型的模型；然后让干燥的热空气通过模型使连续砂粒之间的蛋白质黏结剂硬化。该技术操作较为复杂，对环境及设备的温度都有一定的要求。

4. 真实岩样制心技术

不改变储层矿物组成和表面性质，也不添加任何黏结剂，利用储层真实松散岩样，制备与储层物性相吻合的岩心。该岩心的直径和长度与室内岩心流动实验装置所需要的岩心相一致。其操作步骤为：在钢筒内将底座垂直放好，在钢筒中垫上筛网；然后往钢筒中加入松散砂样直到所需高度，放入筛网与顶杆，置于压力机下压制；再将顶杆取出，放入垫片，然后拧紧上螺栓；最后取下底座，放入垫片，拧紧下螺栓，完成人造实验岩心的制备。

5.冷冻包封制样技术

冷冻包封制样技术是目前保持岩心结构完整性的唯一有效方法，通常将岩心直接浸入液氮中快速冷冻，至岩心凝结牢固后，以液氮为冷却切割液钻取岩心柱，再切其端面成型，而后立即测量成型样品的尺寸（长度、直径）并进行包封，才能有效减少样品在后续的清洗和测试过程中的大量碎裂问题。包封岩样可分为缠内衬、安装渗透网、压圈、外套等工序。

四、制样工艺

本节从涩北一号气田涩 4–53 井 8–4 段（1256.60～1257.60m）取得了 1m 长的全直径岩心段，由聚氯乙烯（PVC）套筒封装（图 2–1）。

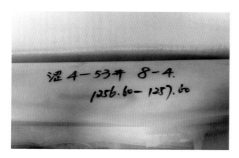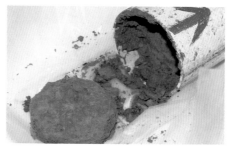

图 2–1　岩心样品

针对该段岩心，在初步分析了其内聚力强度、粒度组成及含水饱和度等基础参数后，参考目前各类松散岩心制样技术的优缺点及本节研究的实验目标和实验内容，采用以下几个步骤进行驱替实验的岩心制备：

（1）在 PVC 套筒外侧沿轴线方向顺序标注取心位置，间距 5cm。

（2）用内径 3cm 的开孔器沿标注的位置依次钻开 PVC 套筒（图 2–2）。

（3）用内径 2.5cm 的不锈钢取心套筒沿 PVC 筒外的孔眼垂直向内缓慢用力下压（图 2–3），注意在压进过程中取心套筒不可旋转，以免折断或挤压岩心段表面。

图 2–2　打开 PVC 套筒　　　　　图 2–3　套筒法钻取小岩心段

（4）在获取约 10cm 左右的岩心段后，轻微旋转取心套筒，然后缓慢拔出，然后将 PVC 套筒内的孔眼用不锈钢柱填满，防止邻孔取心造成的垮塌（图 2-4）。

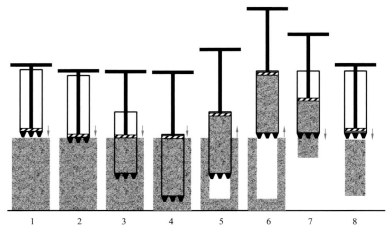

图 2-4　套筒取心全过程示意图

（5）缓慢下压压杆，顶出小岩心柱（图 2-5）。

图 2-5　从套筒内顶出小岩心

（6）仔细切割小岩心柱的端面（图 2-6）。

图 2-6　切割、修整小岩心，戴铝帽

（7）给小岩心柱两端套上镶嵌不锈钢滤网的铝帽，渗流规律实验采用两层100目滤网（挡砂精度30μm），出砂机理实验采用一层50目滤网（挡砂精度120μm）。

（8）将成型内径2.5cm的热缩套套在外径2.7cm的不锈钢柱上，用酒精灯的内焰加热，使之均匀收紧（初次加热后，热缩套内径变为2.7cm）。

图2-7　制备的岩样

（9）将带有铝帽的小岩心柱推入热缩套，切割掉多余的热缩套。

（10）用酒精灯内焰均匀加热岩心柱，使之收紧。

（11）测量直径、长度，称重。

（12）由于涩北气田岩样的黏土含量较高，在制样过程中样品不能脱水，按照测试标准，烘箱温度不能超过60℃，烘干时间不得低于8h，制备的岩样如图2-7所示。

本次研究采用套筒取心法，沿程钻取了24块小岩心，成功制样17块，进行了孔隙度、渗透率、饱和度（束缚水、可动水）的测量。

五、岩心选取

1. 真实岩心的局限性

采用天然岩心进行驱替实验的优势是：天然岩心孔隙度、渗透率、矿物组成及微观孔道结构与真实储层一致，渗流过程仿真程度高。然而，真实岩心也存在以下局限：

（1）真实岩心样品数量少，对实际储层的渗透率覆盖面较窄。

（2）天然岩心可加工性较差，与实验装置的配合程度较低，实验过程中各种窜、漏，导致实验数据误差较大。

（3）真实岩心可视化程度低，无法进行水驱前缘的观察。

2. 人造岩心的类型

（1）真实地层砂填制岩样：矿物类型、矿物颗粒的粒径及圆度、润湿性等方面与真实地层仿真程度高，但由于黏土矿物的损失，利用获取的地层砂填制岩心的渗透率与真实地层差异较大。

（2）石英砂＋水泥：通过石英砂粒度组合及水泥的比例控制，可实现对真实地层孔隙度、渗透率的较好匹配。但由于石英砂颗粒的圆度、球度与天然岩石矿物颗粒差异太大，将导致石英砂人造岩心的水相渗透率与气相渗透率差异非常大，并将影响水驱油过程的路径。

（3）玻璃微珠＋石英砂＋水泥：由于玻璃微珠形态稳定，圆度、球度与真实地层的矿物颗粒接近，因此填制的人造岩心的孔道结构与真实储层相近，并且由于玻璃微珠透明，模型的可视化效果较好。

第二节 微观渗流过程实验模拟研究

利用岩石薄片可视化流动观测实验装置，从微观的角度研究岩石孔道内可动水的流动过程，为气藏出水和气井产水规律的研究提供依据。

一、可视化模拟装置

1. 实验原理

储层岩石的气水两相体系中，水是润湿相，气排水成藏过程中，毛细管力是阻力。某区域内，若成藏的充气压差小于毛细管阻力，将导致该区域的地层水无法被气驱替，从而残余在储层中形成"原生层内水"；开井生产后，在井底压力作用下，若驱动压差超过毛细管力的束缚作用，"原生层内水"就被产出。由于储层岩石颗粒结构的非均质性，各级毛细管力束缚的水量不同，层内水存在的位置与数量也各不相同。利用填砂薄片模型，采用微观可视化技术，通过对气排水和水驱气过程中各种类型束缚水的形成过程、存在位置及数量的观察，分析及定量评价涩北疏松砂岩气藏原始气水分布，以及气藏投入开发后储层内束缚水分布位置和数量的改变。

2. 实验方法探索

涩北气田的疏松砂岩储层由于岩石颗粒细小，泥质含量高，束缚水的赋存状态及地层水的启动、运动过程和分布难以被观测。吕金龙等（2019）、董利飞和张德鑫（2018）、冯洋（2018）、石放放（2017）对渗流机理微观可视化的研究方法，本节研究从制样和观测设备仪器上进行了探索。

1）实验设备

采用光线反射法进行测试，设计并制造了微观可视化夹持器（图 2-8），利用高清晰的体视显微镜（图 2-9），通过夹持器视窗反射显微镜的入射光源来观察夹持器内液体的流动情况。对微观可视夹持器的结构进行了修改，通过对岩石薄片加注有色液体进行观察后发现（图 2-10），必须将岩心做薄，且必须离显微镜光源与视镜较近才能实现有效的观察。但涩北气田储层岩石的颗粒细小，岩石结构疏松，薄片难以成型，因此需采用新工艺来制作涩北疏松砂岩储层岩石的观测样品。

2）常规铸体薄片流程

将岩心砂粒用胶水均匀黏附在1mm厚的载玻片上；待薄片略干后，将其厚度磨到0.1～0.15mm；在岩心表面再盖上一层载玻片；在两载玻片空隙之间，除了保留岩心薄片的进、出液口畅通外，用胶水将其余的地方都封住，只让岩心两侧成为流体的通道；加热溶解松香，对松散岩心的铸体薄片抽真空，饱和松香液；冷却岩心，使其变为强度较高的固结岩心；将岩心磨去一个光滑面，用紫外光固化透明胶，黏附在载玻片上；将岩心磨薄，厚度控制在150～250μm之间；用紫外光胶粘盖玻璃片；溶解固结岩心的松香。铸片结构如图 2-11 所示，实物如图 2-12 所示。

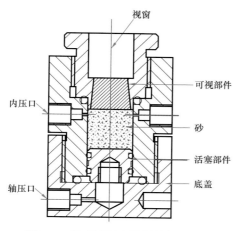

图 2-8　微观可视夹持器结构示意图

视窗
可视部件
内压口
砂
活塞部件
轴压口
底盖

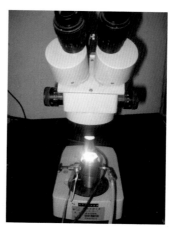

图 2-9　体视显微镜

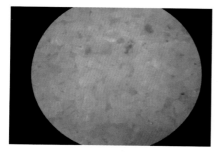
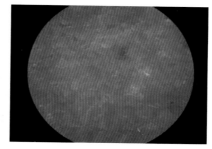

图 2-10　染色前后的岩石薄片（反射法）

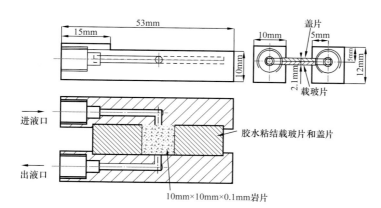

图 2-11　铸体薄片结构示意图

53mm
15mm
10mm
10mm
盖片
5mm
5mm
12mm
2.1mm
载玻片
进液口
出液口
胶水粘结载玻片和盖片
10mm×10mm×0.1mm岩片

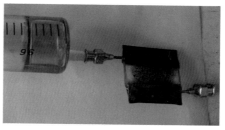

图 2-12　铸体薄片实物图

实验认识到，9633 紫外光固化透明胶具有较强的岩心与玻璃粘结能力，透明度极高，且不粘结松香；酒精、汽油、三氯甲烷都能溶解松香，但酒精和三氯甲烷同时也将降低固化透明胶的强度，而汽油不会；但汽油溶解黏附在玻璃薄片上，岩心孔隙内的松香速度又太慢（预测溶解 3mm 的松香超过 1 年）；若使用高温高压加速松香溶解速度，则会破坏薄片的粘结强度；铸体薄片无法加工到理想的厚度，不易观察。鉴于以上问题，分析认为，无法利用铸体薄片达到实验观察的目的，因此决定放弃铸体薄片的方案。

3）新工艺——沉降法透光薄片

涩北气田储层岩心分析表明，主要为细粉砂岩，最大颗粒只有 50μm，干岩心具有一定的胶结强度，但遇水就快速分解为泥浆，若采用铸体薄片的方案，不易将薄片厚度磨到 50μm 以下，因此决定采用沉降法制作微观实验的薄片模型。

沉降法薄片的制作流程：将岩样用水分解为泥浆；在有水条件下将岩石泥浆沉降在玻璃载片上，控制玻璃片上泥浆的厚度，自然蒸干玻片。岩石颗粒在泥质作用下黏附在玻璃片上，其厚度可以控制在 5～30μm 之间；留出需要的泥浆区域，其余部分擦掉；根据显微镜下观察岩石颗粒排列的情况选取薄片；粘结盖玻片，在盖玻片上涂 9633 紫外光胶。图 2-13 为制作完成的一组沉降法可视化薄片。

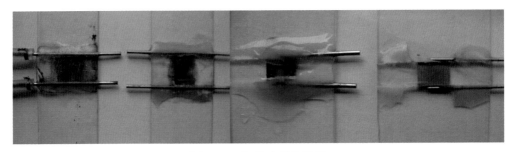

图 2-13　沉降法薄片样品

紫外光胶能粘上玻璃片，但也会粘住岩石的孔隙，使其没有渗透性。因此，在粘结前应使孔隙内充满水，防止孔隙被粘胶封住。然后，岩石颗粒在有孔隙水的条件下很容易移动，在粘结过程中易改变颗粒沉降所形成的排列结构，但如果不使用粘胶，岩样在驱替中又容易形成岩石颗粒与玻片间的相对流动。

实验认识详述如下：

（1）沉降法能使薄片厚度控制在 5～30μm 之间，并使颗粒结构接近真实岩心。

（2）岩石颗粒与玻片接触面必须有透明胶粘结。

（3）用水可以暂时封堵孔隙，防止孔隙空间被粘胶所封堵。

（4）粘封盖玻片成功率极低，易封死岩样孔隙或形成大孔隙。

（5）粘封导流管成功率极低，易封死导流口。

（6）体视显微镜放大倍数不够，看不清楚细粉砂岩孔隙中的水。

（7）必须使用透射光源观察孔隙水，薄片厚度必须小于岩石颗粒的尺寸。

（8）使用 40～400 倍长距倒置生物显微镜，能较好观察孔隙中的水流情况。

（9）在微观下气流速度很快，易引起图像的拖尾，可以用电脑连接的直拍相机获得高清晰图像，图像拍摄间隔最快为5s。

4）改进的塑基透光薄片法

利用塑基薄片提高了沉降法玻璃薄片的封装成功率。岩石颗粒不是沉降在玻璃片上，而是沉降在塑料透明基片上（图2-14），由于塑料基片为油性，沉降液由水改为酒精与水的混合物，自然蒸干后再用塑封机将岩心密封在塑料夹片中。由于薄片的两边都有软体透明塑料密封，既不会封死岩石颗粒，又防止了水窜。在显微镜下剪取合适的观察区域，再封装进玻璃载片。

图 2-14　沉降法制作的塑料基片

5）封装样品的改进

塑基透光薄片能够自吸进水，粘好驱替管后的驱替压力只能达到 0.5MPa，该压差下气体不能穿过样品，但若再加大压差，就会压破粘胶和玻璃基片（图2-15）。对薄片的固定方法和加注驱替的方法进行了改进：对驱替管的安装不用粘结的方法，而是将岩石薄片玻璃由 1mm 增加到 3mm 厚，专门制作一个玻片夹持器（图2-16），用橡胶密封圈对驱替入口以外的端面进行密封，再在两玻片间施加固定压力。经过多次尝试，人造薄片的驱替压差已经能够达到 3MPa。

图 2-15　封装在玻璃中的微观实验样品

图 2-16　封装样品的夹持器

6）激光刻蚀模型

采用激光雕刻机（图2-17），在玻片 10mm×10mm 范围内刻蚀出岩石薄片的二维网状孔隙结构。已刻蚀部分用于模拟各种类型束缚水的位置与数量，其他部分为玻璃载片本体，用来模拟岩心颗粒大小与位置状态。最后将岩心薄片封装、切割成型，然后装入玻片夹持器中（图2-18），进行驱替实验。

3. 实验装置系统

实验系统装配如图 2-19 所示，实验装置实物如图 2-20 所示。

实验装置的技术参数为：薄片模型 10mm×10mm×10μm；驱替压差 0.2～0.5MPa；显微镜（100×），视野宽度 1mm；分析精度 5μm×5μm。

图 2-17　激光雕刻机

图 2-18　激光刻蚀薄片封装样品的夹持器

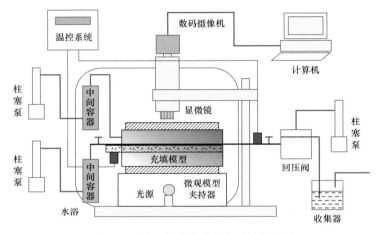
图 2-19　微观薄片实验观察系统装配图

图 2-20　微观薄片实验装置实物图

4. 图像处理

采用透光法观察气水的微观分布及驱替过程中气水的运动状态。驱替液体中加入甲基蓝作为显影剂,以区分水和气(图 2-21)。

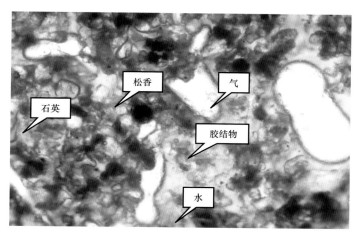

图 2-21　显微镜下观察到的岩石颗粒、气和水的存在状态

各种物质的视觉特征如下：

（1）石英：具有棱角的不规则形状，多为四边形，白色透明。

（2）胶结物：不规则，棱角较圆滑，灰色半透明。

（3）松香充填物：不规则，充填在颗粒的缝隙中，褐色，略透明。

（4）水：浅蓝色（甲基蓝），多为连续状，质地均匀，具有少许阴影。

（5）气：外边界圆整，边界线颜色较深，不规则的封闭泡状，体形较大。

采用图像处理软件（图 2-22），根据颜色区分实验薄片的气、水分布，计算饱和度。

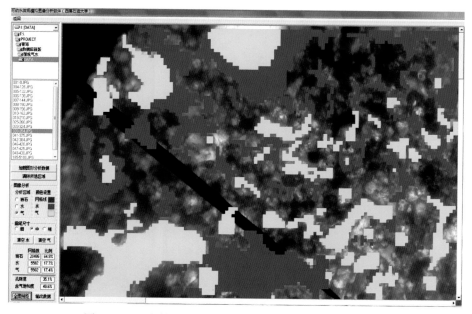

图 2-22　显微镜下观察到的岩石颗粒、气和水的存在状态

二、成藏过程可视化

从成藏机理的角度分析，在天然气运移进入成藏之前，岩石孔隙中 100% 饱和地层

水。从烃源岩生成的天然气经过长途运移，到达储层。在有利的封闭条件下，天然气将储层中的地层水部分排走，从而形成气藏，其中没有被排走的地层水就形成了束缚水。束缚水的多少与地层微观孔隙结构有关，孔隙越小，孔喉结构越复杂，束缚水含量越高，一般在 10%～50% 之间。

1. 气驱排水过程模拟观测

利用气驱排水实验模拟成藏过程中束缚水的形成过程。不同驱替速度在不同驱替时间时气水的微观分布如图 2-23 至图 2-27 所示。不同驱替压差在不同驱替时间时气水的微观分布如图 2-28 和图 2-29 所示。

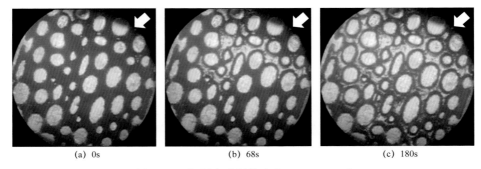

(a) 0s   (b) 68s   (c) 180s

图 2-23　气驱水（驱替速度 0.04mL/min）

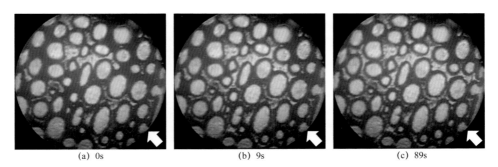

(a) 0s   (b) 9s   (c) 89s

图 2-24　气驱水（驱替速度 0.09mL/min）

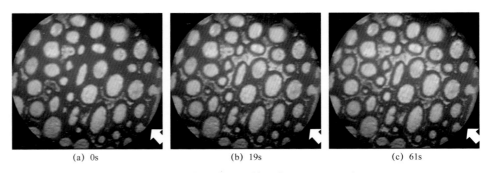

(a) 0s   (b) 19s   (c) 61s

图 2-25　气驱水（驱替速度 0.18mL/min）

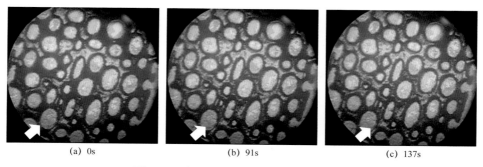

(a) 0s   (b) 91s   (c) 137s

图 2-26 气驱水（驱替速度 0.36mL/min）

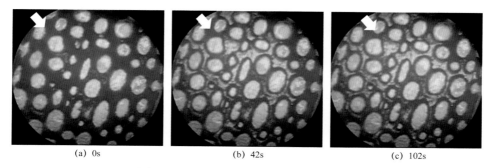

(a) 0s   (b) 42s   (c) 102s

图 2-27 气驱水（驱替速度 0.72mL/min）

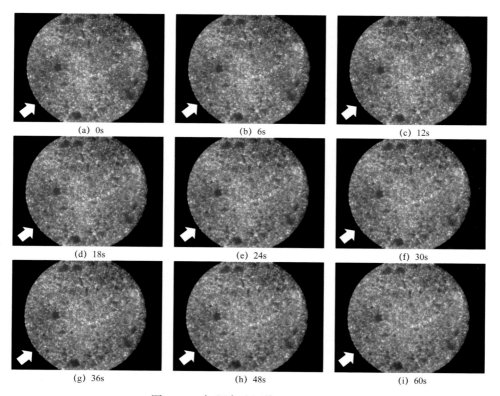

(a) 0s   (b) 6s   (c) 12s

(d) 18s   (e) 24s   (f) 30s

(g) 36s   (h) 48s   (i) 60s

图 2-28 气驱水（驱替压差 0.5MPa）

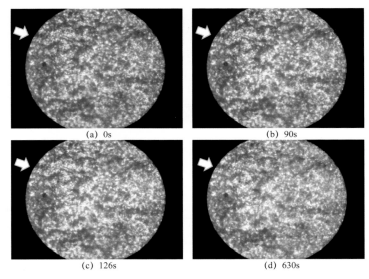

(a) 0s   (b) 90s

(c) 126s   (d) 630s

图 2-29 气驱水（驱替压差 2.0MPa）

实验样品制备完成后，先饱和水，由于水无法进入一些死孔隙和微细孔隙，无法达到100% 的含水饱和度，分析样品的含水饱和度为 84.11%，15.89% 是水无法进入的死孔隙的体积。

根据成藏理论，地层原始状态下完全饱和水，生气后气驱水，条件适合的情况下才形成气藏，因此，这一部分不可入孔隙可看作是被束缚水所饱和。

气驱排水开始后，含气饱和度逐渐增加，含水饱和度逐渐减小，一组典型的实验数据见表 2-1。初始饱和度变化幅度较大，之后逐渐平缓，驱替 60s 时，含水饱和度降低了 4.81%；驱替 180s 时，含水饱和度降低了 16.25%；驱替 1080s 时，含水饱和度降低了42.38%；驱替 1800s 时，含水饱和度降低了 46.95%；再继续气驱水，含水饱和度几乎不再降低，这时达到了束缚水饱和度，也就是气藏原始初始条件的含水饱和度，如图 2-30和图 2-31 所示。

表 2-1 气驱排水实验分析数据记录

时间（s）	水体积（10^{-3}mm³）	气体积（10^{-3}mm³）	含气饱和度（%）	含水饱和度（%）
0	2.0123	0.3802	15.89	84.11
30	1.9514	0.4411	18.44	81.56
60	1.8973	0.4952	20.70	79.30
90	1.7922	0.6003	25.09	74.91
120	1.7425	0.6500	27.17	72.83
150	1.6817	0.7108	29.71	70.29
180	1.6235	0.7690	32.14	67.86
240	1.4848	0.9078	37.94	62.06
360	1.3618	1.0308	43.08	56.92

时间（s）	水体积（10^{-3}mm³）	气体积（10^{-3}mm³）	含气饱和度（%）	含水饱和度（%）
480	1.2370	1.1555	48.30	51.70
600	1.1380	1.2545	52.43	47.57
840	1.0630	1.3295	55.57	44.43
1080	0.9985	1.3940	58.27	41.73
1320	0.9628	1.4298	59.76	40.24
1800	0.8890	1.5035	62.84	37.16
2400	0.8679	1.5246	63.72	36.28

分析表明，气驱排水的最终含水饱和度为36.58%，加上样品15.89%的不可入孔隙度，束缚水饱和度应该为52.47%，折算的气藏初始含气饱和度为47.53%。

气驱排水实验的出水速度如图2-31所示。驱替的前240s出水速度较大，超过了5×10^{-3}mm³/h（90s时的出水速度最大，达到了12.6×10^{-3}mm³/h），之后出水速度逐渐递减，到2400s时只有0.13×10^{-3}mm³/h。

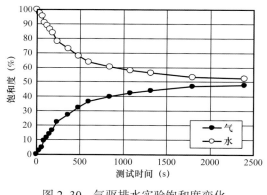

图2-30　气驱排水实验饱和度变化　　　图2-31　气驱排水实验出水速度变化

各种微观赋存状态的水的流动难易程度存在较大的差距：大孔道内的水容易被驱出；而微细孔隙及其包围的大孔道内的水，由于毛细管阻力的作用，在较低的驱替压差下气较难进入其中，驱替压差达到一定程度，才能部分驱出；死孔道内的水很难在驱替压差下流动。

实验样品的高出水段主要是大孔道内的水被驱出。之后主要是中孔隙和微细孔隙内的水被驱出。

2.初始气水分布观测

通过对样品薄片的显微镜观察，气藏的初始含水（当无可动水存在时即为束缚水）实际上是成藏过程中气驱排水后的"残余水"，具有以下三种赋存形式：

1）孔道角隅水

气驱水孔道中的死角普遍存在残余水，这是残余水存在的主要形式。此类残余水可存在于两颗粒之间所夹的死角、矿物表面的沟槽或自生矿物生长造成的凹凸不平的颗粒表面等（图 2-32，图 2-33）。

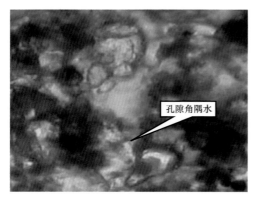

图 2-32　孔隙角隅水

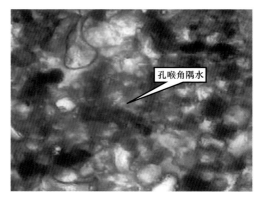

图 2-33　孔喉角隅水

2）微细孔道及其包围的大孔道中的残余水

微细孔道孔径十分细小，不连通，非润湿相（气）难以克服微细孔隙产生的毛细管阻力而进入这些孔隙（图 2-34）。

3）绕流形成的残余水

由于储层的非均质性，气驱水时水所受到的毛细管阻力也有较大的差异，驱替相（气）总是沿那些孔径较大而阻力较小的通道快速前进，产生绕流。绕流往往把与之相邻的较小孔隙以及小孔隙包围的孔隙绕过，在这些孔隙中形成绕流残余水（图 2-35）。

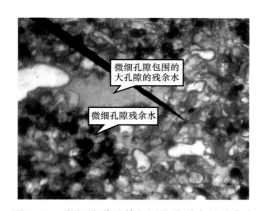

图 2-34　微细孔道及其包围大孔道中的残余水

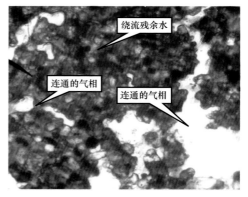

图 2-35　绕流残余水

三、开发过程可视化

气驱排水实验结束后，对样品连续注水，利用水驱气实验模拟开采过程中各种侵入水对孔隙中含气饱和度的改变。当饱和度不再改变时，含气饱和度即为样品的残余气饱和度，结合初始含气饱和度，就可以折算出样品的水驱气采收率。

不同驱替速度和驱替压力下水驱气过程如图 2-36 至图 2-42 所示。

(a) 0s   (b) 80s   (c) 110s

图 2-36 水驱气（驱替速度 0.04mL/min）

(a) 0s   (b) 90s   (c) 42s

图 2-37 水驱气（驱替速度 0.09mL/min）

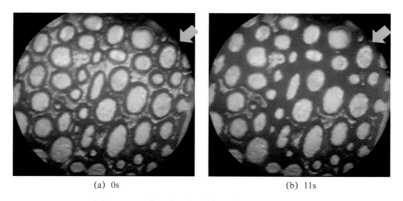

(a) 0s   (b) 11s

图 2-38 水驱气（驱替速度 0.18mL/min）

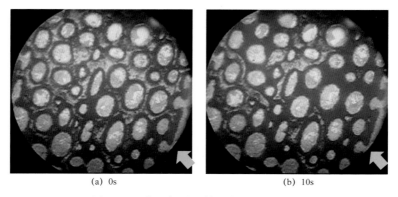

(a) 0s   (b) 10s

图 2-39 水驱气（驱替速度 0.36mL/min）

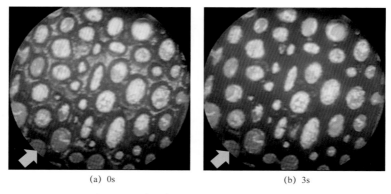

(a) 0s　　　　　　　　　　　　　　(b) 3s

图 2-40　水驱气（驱替速度 0.72mL/min）

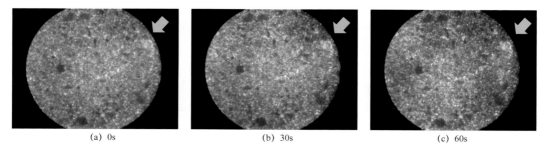

(a) 0s　　　　　　　　(b) 30s　　　　　　　　(c) 60s

图 2-41　水驱气（驱替压力 0.5MPa）

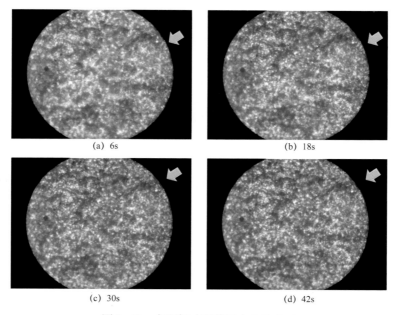

(a) 6s　　　　　　　　　　　　　　(b) 18s

(c) 30s　　　　　　　　　　　　　　(d) 42s

图 2-42　水驱气（驱替压力 2.0MPa）

　　样品的初始含水饱和度 30.03%，含气饱和度 63.97%；驱替 150s，含水饱和度增加到 53.63%，含气饱和度降低到 46.37%；驱替 400s，含水饱和度达到 66.36%，含气饱和度降低到 33.64%，之后不再有明显变化。

水驱气实验的产气速度如图 2-43 所示。产气速度逐渐增加，在驱替的 130s 产气速度达到最大，之后产气速度逐渐递减。整体上，水驱气速度快于气驱水，主要是因为两组实验的驱替压差一致，但岩石亲水，毛细管力在水驱气过程中起辅助动力作用，而在气驱水过程中则是阻力。一组典型的实验测试数据见表 2-2，气水饱和度变化规律如图 2-44 所示。可视化水驱气过程如图 2-45 所示。

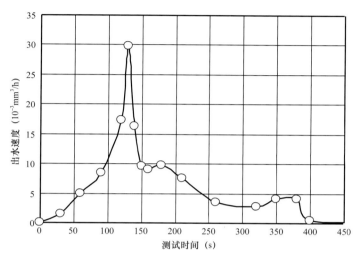

图 2-43　水驱气实验出水速度变化

表 2-2　水驱气实验分析数据记录

时间（s）	水体积（$10^{-3}mm^3$）	气体积（$10^{-3}mm^3$）	含气饱和度（%）	含水饱和度（%）
0	0.8620	1.5305	63.97	36.03
30	0.8735	1.5190	63.49	36.51
60	0.9143	1.4783	61.79	38.21
90	0.9848	1.4078	58.84	41.16
120	1.1288	1.2638	52.82	47.18
130	1.2113	1.1813	49.37	50.63
140	1.2565	1.1360	47.48	52.52
150	1.2830	1.1095	46.37	53.63
160	1.3080	1.0845	45.33	54.67
180	1.3618	1.0308	43.08	56.92
210	1.4248	0.9678	40.45	59.55
260	1.4730	0.9195	38.43	61.57
320	1.5183	0.8743	36.54	63.46
350	1.5520	0.8405	35.13	64.87

时间（s）	水体积（$10^{-3}mm^3$）	气体积（$10^{-3}mm^3$）	含气饱和度（%）	含水饱和度（%）
380	1.5855	0.8070	33.73	66.27
400	1.5878	0.8048	33.64	66.36
420	1.5898	0.8028	33.55	66.45

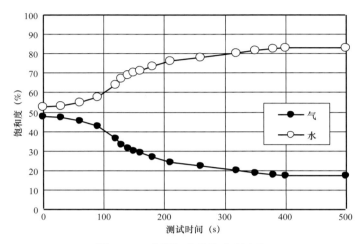

图 2-44　水驱气实验饱和度变化

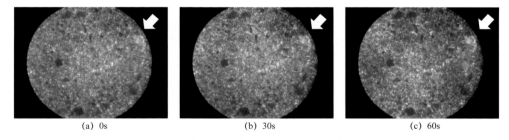

(a) 0s　　　　　　　　(b) 30s　　　　　　　　(c) 60s

图 2-45　真实岩心薄片（0.5MPa 水驱气过程）

第三节　储层流动能力评价实验研究

疏松砂岩气藏储层流动能力同时受岩石压实、孔道内颗粒迁移、含水等的影响，在杨福见等（2020）、吴锐（2018）、周文胜等（2015）、谢一婷和陈朝晖（2013）相关研究的基础上，本节分别针对储层岩石及填砂岩样，利用压实实验、水敏实验和出砂实验，讨论涩北气田储层岩石的流动能力变化规律及其影响因素。

一、应力敏感测试

分别测试储层岩石在含水和不含水条件下气体流动能力对压实的响应规律。

1. 不含水样品应力敏感

1）测试步骤

（1）将岩心放入岩心夹持器。

（2）设置围压，初始为2MPa。

（3）设置入口端压力为101.3kPa，出口端1.2kPa。

（4）待渗透率值稳定后，记录测试点数据。

（5）依次增加围压至30MPa。

2）测试数据

一共进行了17样次的气测应力敏感实验，渗透率测试数据见表2-3。

表2-3　不同围压时渗透率降幅对比表

序号	气相渗透率（mD）	不同围压下渗透率降幅（%）		
		3.0MPa	4.0MPa	5.0MPa
1	1.14	41.98	60.27	69.48
2	3.91	43.38	64.95	76.86
3	5.60	41.11	64.21	82.54
4	0.84	38.80	60.80	70.82
5	13.61	37.46	60.90	76.49
6	1.19	39.21	63.45	76.27
7	10.22	30.56	54.44	67.61
8	9.07	56.09	63.37	80.38
9	7.03	36.68	71.74	83.66
10	13.08	31.57	64.01	81.40
11	2.57	55.48	73.70	81.90
12	8.58	35.07	64.63	84.07
13	34.87	10.28	34.76	58.56
14	3.53	22.39	60.74	73.22
15	4.80	31.89	65.63	77.25
16	1.16	47.48	59.10	67.68
17	18.93	34.72	53.52	67.03

3）测试数据分析

以围压2MPa和驱替压差100kPa作为基准条件，17块岩样的气相渗透率最小值为0.84mD，最大的达到34.87mD（图2-46），基本覆盖了涩北气田储层的渗透率范围，测试对象具有较好的代表性。

涩北一号气田原始地层压力平均为 10~14MPa，气田开采到末期，地层废弃压力为 2MPa 左右，因此有效应力的最大变化范围为 8~12MPa，主要开采阶段地层压力下降范围为 3~5MPa，从图 2-46 可以看出，应力敏感测试的有效应力范围覆盖了实际储层的最大有效应力变化范围，且数据特征的主要变化区域与实际储层最大应力变化范围一致，因此实验数据的代表性较好。

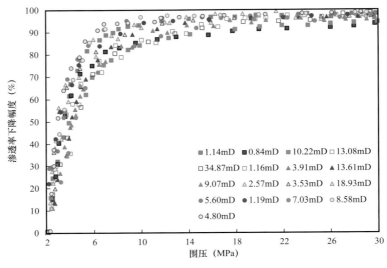

图 2-46　气测应力敏感实验测试数据

对比、分析实验测试数据（图 2-47），可以发现，涩北气田储层的气相渗透率应力敏感现象非常显著：当有效应力分别达到 3MPa、4MPa、5MPa 时，渗透率平均下降幅度依次为 37.3%、61.2% 和 75%。

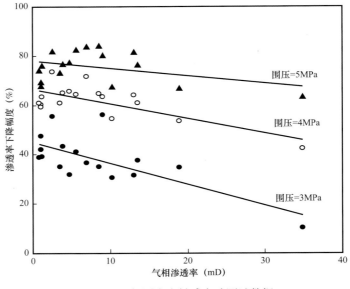

图 2-47　气测应力敏感实验测试数据

应力敏感的实质是多孔介质骨架受到挤压、剪切，发生孔隙结构的变形、破坏，从而导致渗流通道的减小直至消失。应力敏感的程度与孔隙骨架结构、胶结类型等有关。通常，渗透率越高，孔喉尺寸就越大，同样的应力和介质变形所引起的渗透率降低幅度就越小；相反，渗透率越低的多孔介质，孔喉尺寸的变形将很容易引起多孔介质内微观连通性的改变，具有更明显的应力敏感。

测试数据显示，在相同围压条件下，渗透率越高的岩样，其渗透率的应力敏感效应弱于渗透率较低的岩样，充分反映了结构变形对较大孔喉结构的多孔介质内流动能力的影响小于孔道较小的致密多孔介质；当围压较低时，渗透率的应力敏感效应在总体上不如围压较高条件下明显，但在较低围压下渗透率降幅与渗透率的关系比高围压明显。

４）对开发的启示

在气田开发的早期阶段，地层压力下降幅度不是很大（如压降 3MPa），这时较低渗带的较强应力敏感效应将进一步降低其渗透率（降渗幅度高达 40% 以上），而高渗带的较弱应力敏感特征使其渗透率下降不是很多（降渗幅度低于 20%），加剧了储层的非均质性，尤其是在投产早期的近井地带，对于出水、出砂的涩北气田，较低渗透率储层的强应力敏感，加上速敏、水锁等效应，进一步增加了储层流动特征和流体分布规律的复杂性，给储量动用评价、提高储量动用措施的制订都增加了难度。

因此，"多井低产"和"均衡开采"将是涩北气田必须采用的稳产技术对策，在制定合理配产时，压降漏斗导致的近井应力敏感低渗带和开采中后期地层能量降低所导致的储层整体渗透率下降，是相对于储层岩石固结程度较高的常规气藏，涩北气田气井产能评价所必须考虑的重要因素。

2. 含水样品应力敏感实验

１）测试步骤

（1）将岩心放入岩心夹持器。

（2）根据孔隙体积，计算达到设定可动水饱和度所需添加的水体积。

（3）采用精细滴管，从岩心入口端滴入相应体积的地层水。

（4）设置围压，初始为 2MPa。

（5）设置入口端压力为 100kPa，出口端 1kPa。

（6）待渗透率值稳定后，记录测试点数据。

（7）依次增加围压至 30MPa。

２）测试数据

松散岩心具有较强的应力敏感、水敏和速敏现象，加入可动水可使流动能力显著下降，大部分岩样在注水后成为低渗或流动过程中出现岩心遇水浆化而大量出砂的现象，因此测试难度较大。按照干样气测渗透率数值选择了 4 样次的含水样品进行气测应力敏感实验，包括两块岩样（气相渗透率分别为 3.91mD 和 13.61mD、可动水饱和度分别为 5% 和 10%）。

计算的可动水加入量见表 2-4。

表 2-4 可动水加入量计算表

岩样号	位置 （m）	干样渗透率 （mD）	孔隙体积 （mL）	含水饱和度 （%）	注入水量 （mL）	湿样渗透率 （mD）
J-2	1256.80	3.91	6.4930	5	0.3246	0.48
J-5	1256.95	13.61	3.5593	5	0.1780	3.37
J-2	1256.80	3.91	6.4930	10	0.6493	0.29
J-5	1256.95	13.61	3.5593	10	0.3559	0.55

实验测试数据显示（表 2-5，图 2-48，图 2-49），可动水的增加对储层岩石渗流能力的降低效应非常显著：

（1）J-2 岩心气相渗透率 3.91mD，当可动水含量为 5% 时，其渗透率下降到 0.48mD，降幅达到 87.66%；当可动水含量增加到 10% 时，渗透率仅有 0.29mD，降幅达 92.62%。

（2）J-5 岩心气相渗透率较高，达到 13.61mD，当可动水含量为 5% 时，其渗透率下降到 3.37mD，降幅 75.26%；当可动水含量增加到 10% 时，渗透率仅有 0.55mD，降幅为 95.98%。

表 2-5 不同可动水和围压时渗透率降幅对比表

序号	气相渗透率 （mD）	含水饱和度 （%）	不同围压渗透率降幅（%）			
			3.0MPa	4.0MPa	5.0MPa	6.0MPa
1	3.91	0	43.38	64.95	76.86	84.12
2		5	92.95	95.38	96.55	97.04
3		10	95.28	96.70	97.35	97.76
4	13.61	0	37.46	60.90	76.49	85.85
5		5	87.47	95.24	97.38	98.26
6		10	98.34	99.17	99.48	99.59

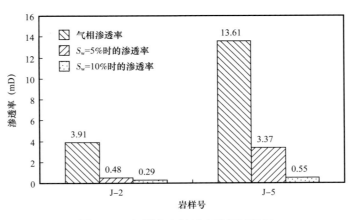

图 2-48 气测应力敏感实验测试数据

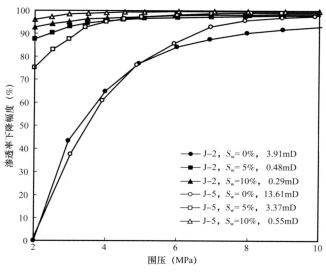

图 2-49　含水气测应力敏感实验测试数据

渗透率降幅较大的原因包括水敏（可动水致黏土矿物膨胀，减小渗流孔道尺寸及增加分散微粒数量）、速敏（可动水溶解胶结物后增加了速敏的程度）以及水的黏度远远大于天然气，渗流的前提必须是能够驱动微孔道内的可动水。

3）测试数据分析

对于涩北气田的疏松砂岩储层岩石，可动水的存在，加上压实效应的联合作用，渗透率将进一步降低，测试数据规律分析如图 2-50 所示。在围压较小的情况下，较高渗储层渗透率的降幅略低于较低渗储层，而在较高围压和较高可动水饱和度的情况下，较高渗储层的渗透率降幅更显著。测试数据表明，不同围压下，可动水的存在对储层渗透率的降低影响主要集中在可动水刚开始出现的阶段，充分体现了地层出水对气井产能和储量动用的危害，同时也表明，如果近井储层排水及时、井底压力较高，则近井带地层渗透率降幅可减缓，这也是稳产和提高储量动用技术对策的理论依据。

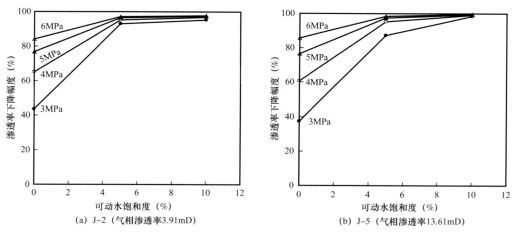

图 2-50　不同围压下含水气测应力敏感实验测试数据

4）对开发的启示

涩北气田的储层平均地层压力为 10～14MPa，考虑到携液井的废弃压力，到气田开发的中后期，地层压力将下降到 5～8MPa，地层压降将达到 3～6MPa；岩样测试数据表明，在仅存在束缚水的条件下，地层渗透率将下降 37%～86%；若出现 5% 左右的可动水，地层渗透率将下降 87%～98%，若可动水饱和度达到 10%，则地层渗透率的下降幅度将达到 95%～99%。由于涩北气田的储层成藏期晚，因此储层岩石的成岩性差、泥质含量高、岩石骨架内聚力强度低、粒度分选性极好，导致涩北气田的储层岩石具有显著的应力敏感、速敏、水敏，在衰竭式开发过程中，储层岩石将由中—低渗透性逐渐转变为局部的低渗—特低渗储层。可动水显著降低了涩北疏松砂岩气田储层岩石的渗透性。在进行气井产能评价、合理配产以及制订提高储量动用程度技术对策时，不仅要考虑疏松砂岩储层流动能力的应力敏感特征，更要考虑疏松砂岩储层的水敏和水锁性质，既要考虑随着地层压力的衰竭，储层整体渗透性的降低，更要考虑由于压实、出水而出现的近井低渗带，低渗带的扩展特征，以及由此而加剧的储层非均质性特征。

二、压实出水机理模拟实验

由于成岩较晚，成藏阶段气驱排水充注不足，涩北气田的储层岩石孔道内含有丰富的地层水，开采过程中储层岩石有效应力增加，孔道受到挤压，压实出水将导致涩北气田气井普遍出水。

1. 岩样方案

1）铸体岩心柱

选择 6 块人造岩心和 2 块真实岩样：

（1）岩样一：取自涩北一号气田涩 4-15 井，取心井段位于 1310.6～1312.3m，小层号 4-1-1，测井解释的泥质含量为 41.3%，孔隙度为 29.4%，渗透率为 8.82mD，含气饱和度为 51.50%，束缚水饱和度为 48.5%。解释结论为二类气层。

（2）岩样二：取自涩北一号气田涩 4-15 井，取心井段位于 1320.9～1323.3m，小层号 4-1-2，测井解释的泥质含量为 23.25%，孔隙度为 31.32%，渗透率为 19.68mD，含气饱和度为 76.8%，束缚水饱和度为 23.2%。解释结论为一类气层。

2）全直径岩心

将取得的全直径岩心清洗、打磨，放入岩心模具。本次实验共取得了涩 3-15、涩 4-15 和涩 4-16 井成型的 7 块全直径岩心，共计 79cm。

3）人造填砂岩心

选用建筑用河砂。将砂粉碎，参照涩北气田的岩心粒径范围，筛选不同粒径的砂；再参照涩北气田岩心分析的泥质含量，与成都平原泥土按一定比例加水混合，用磨具压制成全直径柱状岩心，并烘干成型，用滤纸和滤网封闭端面，并用保鲜膜包裹圆周。人造岩心主要用于测试实验流程的完善性、合理性及用于测试装置的校核等。首先要测试孔隙度、气体渗透率、孔隙压缩系数及气测应力敏感（不同围压下测试孔隙度和渗透率），然后再选取与涩北气田物性近似的岩心进行后续的各项实验。

2. 测试方案

1）实验原理

开采过程中，随着气藏压力的下降，有效应力增加，储层岩石将受到压实，孔隙结构和储层渗透率都将被改变，由于气水的流动能力存在差异，压实将改变气水在储层岩石中的分布。在岩样周围或两端赋予不同的围压或轴向压力，计算得到岩样所受到的有效应力，以此来模拟气藏开采过程中不断增加的有效应力。通过测试各个应力水平下的孔隙度和相对渗透率，评价压实对产能的影响。

2）配套实验装置

（1）恒压气源：氮气瓶，气压在 15MPa 左右。

（2）气体流量计：记录输出的流量值，单位为 mL/min。

（3）压力传感器：采用 NPI-15A-352SH 压力传感器，测量误差为 0.2%。

（4）吸湿器：吸收气体流动从岩心中带出的水蒸气。

（5）气水分离装置：将液体和气体分开，使液体流入盛装地层水的容器中，气体经过吸湿器吸湿。

（6）地层水容器：盛装气驱出地层水的容器。

（7）电子天平：记录气驱出水的重量，并通过积分计算液体流量。

相对渗透率实验的装配流程如图 2-51 所示。压实实验装置实物如图 2-52 所示。

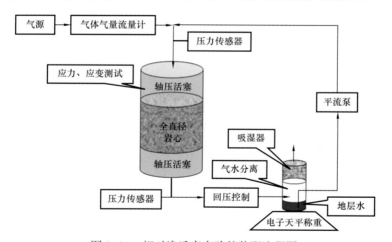

图 2-51　相对渗透率实验的装配流程图

3. 实验流程

1）静压实实验

（1）测量干岩心的尺寸、质量，计算干岩心体积。

（2）测量干岩心孔隙度，计算干岩心孔隙体积。

（3）施加围压，重复步骤（1）～（2）。

图 2-52　压实实验装置示意图

（4）评价干岩心孔隙体积的应力敏感。

（5）饱和地层水。

（6）测量岩心的尺寸、质量，计算岩心体积。

（7）测量岩心孔隙度，计算岩心孔隙体积。

（8）施加围压，重复步骤（6）～（7），记录出水量。

（9）评价湿岩心孔隙体积的应力敏感。

2）流动压实实验

（1）岩心抽真空饱和，称岩心湿重。

（2）装入夹持器，加围压。

（3）用天平记录岩心压实出水量，积分得出压实出水的瞬时流量。

（4）施加不同围压，重复步骤（3）。

（5）待岩心不出水（天平流量小于 10^{-4} mL/min）后，用氮气驱水，在注气入口处用流量计记录气体流量，用压力传感器记录驱替气体的压力。

（6）岩心出口处采用气水分离器将气水分开，用天平记录氮气带出水的质量，经过积分后得液体瞬时流量。

（7）当 $Q_液/Q_气$ 小于 10^{-5} 后，停止实验，取出岩心。

（8）将岩心抽真空饱和，计算其中的剩余含水量及气体和液体的渗透率。

（9）更换下一块岩样，重复步骤（1）～（8）。

4. 静压实实验数据分析

1）不同泥质含量的应力敏感

测试数据见表 2-6。数据表明，随着围压的增加，泥质含量越高的岩样，其渗透率的降低幅度也越大，表明其应力敏感性越强，如图 2-53 所示。涩北气田开采到中后期，有效应力通常要增加 10MPa 左右，根据人造岩心的渗透率应力敏感实验数据，一方面，对于储层，渗透率将要下降 30% 以上，这将较大幅度地抑制储层内天然气的流动，降低气井产能；另一方面，对于泥质隔夹层，渗透率将下降 70% 左右，有利于增强隔夹层的封隔性，抑制层间的水窜。

表 2-6　人造岩心压实物性测试记录

岩心序号	泥质含量（%）	围压（MPa）	气相渗透率（mD）	渗透率降低幅度（%）
1	20	0	24.17	
		5	21.08	12.76
		8	18.37	23.98
		10	17.01	29.61
		12	15.72	34.97
		15	14.29	40.86
2	25	0	21.65	
		5	18.50	14.55
		8	15.78	27.11
		10	14.62	32.47
		12	12.82	40.79
		15	10.91	49.61
3	45	0	18.54	
		5	15.6	15.86
		15	8.9	52.00
4	50	0	14.32	
		5	11.5	19.69
		15	6.8	52.51
5	55	0	13.01	
		5	10.3	20.83
		15	6.4	50.81
6	70	0	6.48	
		5	4.59	29.17
		8	2.83	56.33
		10	2.05	68.36
		12	1.25	80.71
		15	0.83	87.19

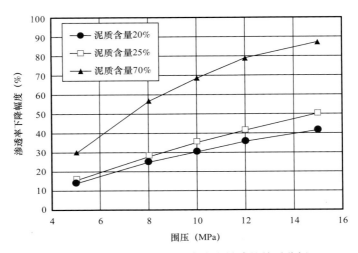

图 2-53　泥质含量与渗透率应力敏感的关系分析

2）全直径干岩心应力敏感

岩样 A 泥质含量 41.3%，岩样 B 泥质含量 23.25%。加工后干岩心长度 9.670cm，直径 9.901cm，岩心质量 1272g，计算得到岩心总体积为 744cm³，测量岩样 A 和岩样 B 的孔隙度分别为 0.306 和 0.309，孔隙体积分别为 215.71cm³ 和 229.83cm³；围压 2MPa 时，岩石体积收缩；干岩心长度 9.521cm，直径 9.758cm，岩心质量 1272g，计算得到岩心总体积 712cm³，压实后岩样 A 和岩样 B 的孔隙度分别为 0.292 和 0.302，孔隙体积压缩率分别为 4.58% 和 2.27%；继续施加围压 5MPa、8MPa、10MPa、12MPa、15MPa。测试数据见表 2-7，数据变化规律如图 2-54 和图 2-55 所示。

表 2-7　真实岩心压实物性测试记录

围压（MPa）	岩样 A（泥质含量 41.3%）				岩样 B（泥质含量 23.25%）			
	K_a（mD）	渗透率降幅（%）	孔隙度	孔隙度降幅（%）	K_a（mD）	渗透率降幅（%）	孔隙度	孔隙度降幅（%）
0	7.07	0.00	0.306	0.00	34.05	0.00	0.309	0.00
2	6.36	10.04	0.292	4.58	31.13	8.58	0.302	2.27
5	5.44	23.06	0.275	10.13	26.73	21.50	0.293	5.18
8	4.64	34.37	0.267	12.75	24.29	28.66	0.285	7.77
10	4.30	41.30	0.262	14.38	21.08	38.09	0.280	9.39
12	3.77	46.68	0.260	15.36	18.37	46.05	0.276	10.68
15	3.21	54.60	0.256	16.34	16.71	50.93	0.270	12.62

3）饱和地层水岩心应力敏感

（1）抽真空，再饱和地层水，岩心吸水后体积膨胀。

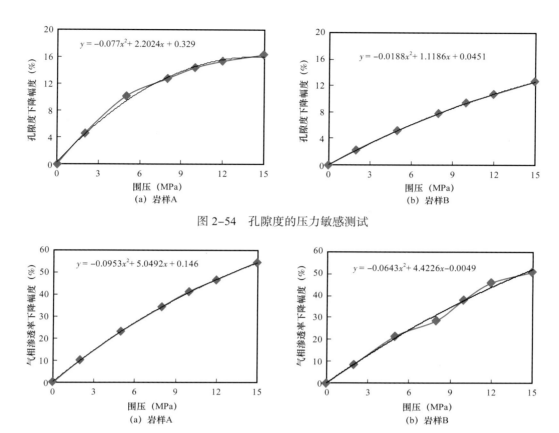

图 2-54 孔隙度的压力敏感测试

图 2-55 渗透率的压力敏感测试

（2）湿岩心长度为9.867cm，直径为9.973cm，岩心的总体积为770cm³；岩心质量为1513g，计算吸水量为241g，根据吸水量和地层水的密度（1.0693g/cm³），计算地层水的体积为225.16cm³；此时岩心孔隙为水100%饱和，水的体积就是孔隙体积，计算得到孔隙度为0.2923。

（3）施加围压2MPa，岩心被压实，体积收缩，并挤出一部分水。

（4）岩心长度为9.579cm，直径为9.833cm，计算岩心的总体积为727cm³；测量岩心质量为1467g，计量出水为46.34g，岩心中剩余地层水为194.66g，合计体积为181.82cm³，等于当前状态的岩心孔隙体积，计算得到压实后的孔隙度为0.2501，孔隙体积压缩率为14.4%，保持率为85.6%。

（5）增加围压到5MPa；岩心进一步压实，体积收缩，继续挤出一部分水。

（6）岩心长度为9.457cm，直径为9.711cm，计算岩心的总体积为700cm³；测量岩心质量为1438g，计量出水为75.18g，岩心中剩余地层水为165.82g，合计体积为154.85cm³，等于当前状态的岩心孔隙体积，计算得到压实后的孔隙度为0.2212，孔隙体积压缩率为24.3%，保持率为75.7%。

4）实验结论

（1）疏松砂岩岩石孔隙体积的压力敏感显著，随着有效应力的增加，压力敏感的趋势变缓，孔隙度降低的幅度越来越小；泥质含量越高，压实效果越明显，泥质含量为41.3%

的岩样在 2MPa 围压下孔隙度下降 4.58%，泥质含量为 23.25% 的岩样在 2MPa 围压下孔隙度下降 2.27%。涩北气田由于储层岩石疏松，孔隙度的应力敏感现象显著。地层压力下降后，泥质含量高的隔夹层在压降的波及和与储层的压差作用下，隔夹层的层内水将大量向产层渗流，增大气井的出水趋势。

（2）疏松砂岩储层渗透率的压力敏感也很显著，随着有效应力的增加，渗透率急剧降低。分析存在两种原因：一是岩石受到压缩，孔隙开度降低，渗流空间变狭小；二是束缚水变可动，可动水含水饱和度增加，气相渗透率降低。渗透率的应力敏感表明，涩北气田地层压力的下降将导致储层内天然气流动能力的下降，显著降低气井的自然产能。

（3）矿物成分导致岩石吸水后体积膨胀，实验岩心饱和水后体积膨胀了 3.5%。由于地下没有足够的可膨胀空间，吸水膨胀效应将表现为孔隙空间的进一步缩小，降低储层的流动能力。

（4）压实出水趋势越来越小，围压为 2MPa 时，挤出水 46.34g，单位压差挤水率 9.61%；围压为 5MPa 时，挤水 75.18g，单位压差挤水率只有 6.23%。

（5）单位体积的压实挤水率逐渐降低，但由于随着开采的进行，压力波及范围逐渐增大，因此对于气井而言，其层内出水的量不会降低，而是会逐渐增加的，只有当达到稳态流动，压力波及含气边界，气井的层内出水量才会越来越少。

（6）静压实实验只能反映由于地层压力下降而导致岩石孔隙收缩的挤压出水，从微观的角度，层内水流动的决定条件是克服毛细管力的束缚，层内水的产出依靠的是驱动压差，层内水产出的主体部分将在压差的作用下流向井底。

（7）渗透率的应力敏感，一方面将抑制储层内天然气的流动，降低气井产能；另一方面，对于泥质隔夹层，渗透率的下降有利于增强隔夹层的封隔性，抑制储层内层间的水窜。

5. 流动压实实验数据分析

分别进行了固定围压，增加驱动压差及固定驱动压差，增加围压的实验。

1）固定围压

采用固定围压，增加驱动压差的方案。

（1）实验记录：初始含水 176.59g。固定 3 组围压，分别是 2MPa、3MPa 和 5MPa；设定 3 组气驱速度，分别是 2.5mL/min、4.1mL/min 和 5.7mL/min。开始驱替后，记录出水量，直到无出水时，再增加气驱速度，继续记录。3 组气驱速度测试完成后，增加围压，进行下一组实验，测试数据见表 2-8。

（2）数据分析：① 同一围压下，气驱速度越大，驱出的水量就越多；围压越高，气驱速度对出水量的影响就越小（图 2-56）。因此，生产时通过控制生产压差和产量，减小层内渗流通道上的驱动压差，就可以抑制层内水的产出。② 围压越大，驱出水量也越多（图 2-57），表明随着地层压力的降低，层内水不断增多，当存在适当的驱动压差，层内水就产出了。③ 驱水量逐渐减少（图 2-58），表明在一定的围压和驱动压差范围内，地层水的产出是有限的。测试数据代表围压不断增加，气驱速度不断增高的过程。显然，随着实验的继续，出水量逐渐减少。

表 2-8 流动压实实验记录（一）

围压 （MPa）	气驱速度 （mL/min）	驱替时间 （min）	驱出水量 （g）	剩余水 （g）	驱水比例 （%）	单位时间驱水比例 （%）	累计驱出比例 （%）
2.0	2.5	390	34.15	176.59	19.3	2.98	19.34
	4.1	120	2.29	142.44	1.3	0.65	20.64
	5.7	900	8.34	140.15	4.7	0.31	25.36
3.0	2.5	60	1.52	131.81	0.9	0.86	26.22
	4.1	120	1.09	130.29	0.6	0.31	26.84
	5.7	150	0.93	129.36	0.5	0.21	27.36
5.0	2.5	900	11.32	128.27	6.4	0.43	33.77
	4.1	600	2.61	116.95	1.5	0.15	35.25
	5.7	720	1.10	114.34	0.6	0.05	35.87

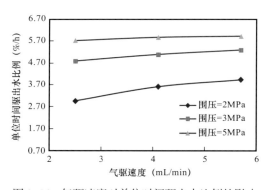

图 2-56 气驱速度对单位时间驱出水比例的影响　　图 2-57 围压对单位时间驱出水比例的影响

2）固定气驱速度

模拟定产时地层的出水情况。将岩心饱和、压实不出水后，设定相同驱替速度，首先在较低围压下驱水，直到不出水为止，然后再增加围压，继续气驱水，记录压力和出水量。

（1）实验记录：岩心的初始含水量为199.71g。围压从 2MPa 开始，逐渐递增到8MPa，气驱速度设定为 3.1mL/min。围压按

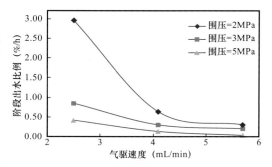

图 2-58 气驱速度对阶段出水比例的影响

1MPa 递增，当计量不到驱出水（不出水的标准为 $Q_{液}/Q_{气}$ 小于 10^{-5}）后，再进入下一级围压，继续气驱水记录驱出水量（表 2-9）。

表2-9　流动压实实验记录（二）

围压（MPa）	驱替时间（min）	驱出水量（g）	剩余水（g）	驱水比例（%）	单位时间驱水比例（%）	累计驱出比例（%）
2	1200	68.53	131.18	34.31	3.43	34.31
3	360	16.56	114.62	8.29	2.76	42.61
4	180	3.94	110.68	1.97	1.31	44.58
5	360	5.39	105.29	2.70	0.90	47.28
6	180	2.19	103.10	1.10	0.73	48.38
7	480	3.80	99.30	1.90	0.48	50.28
8	900	3.18	96.12	1.59	0.21	51.87

（2）数据分析：同一气驱速度下，不同围压驱出水的累计比例不一样，围压越大，驱出的水越多，如图2-59所示；但驱出水量随围压的增加幅度逐渐减小，如图2-60所示，这个结论与上一个实验一致。

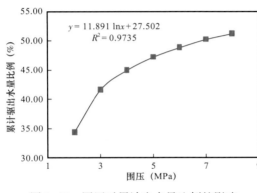

图2-59　围压对累计出水量比例的影响　　　图2-60　围压对单位时间驱出水比例的影响

三、气水两相流动测试

对涩4-15井和涩4-16井的4块全直径取心岩样进行了气驱水的相对渗透率测量，并结合涩3-15井16块岩心相对渗透率曲线特征，分析了涩北气田疏松砂岩的相对渗透率变化规律。为了解决测试过程中的出砂问题，采取了两种措施：一是在水中加入防膨剂，降低黏土的膨胀分散；二是减小气驱压差，避免因流速过大而引起出砂。在实验过程中出砂较少，能计算出相对渗透率曲线。

1. 出水降低气相流动能力

以5号全直径岩样的相对渗透率测试为例，定量说明出水降低气相渗透率。5号岩样长度5.5cm，取自涩北一号涩4-15井，取心井段1325.5～1327.1m，小层号为4-1-3，测井解释泥质含量为25.75%，孔隙度为28.76%，渗透率为14.72mD，含气饱和度为64.3%，束缚水饱和度为 35.7%，解释结论为二类气层。

首先将岩样饱和水，使总的含水饱和度达到 100%（此时可动水饱和度为 64.3%），记录气驱水过程中含水饱和度和气相渗透率数值的变化（表 2-10）。可以发现，随着水的驱出，含水饱和度不断降低，岩石流动性逐渐变好，体现在气相渗透率不断增加，数据变化趋势如图 2-61 所示。

表 2-10 气驱过程中气相渗透率的变化

序号	含水饱和度（%）	可动水饱和度（%）	气相渗透率（mD）
1	100.00	64.3	0.002
2	95.10	59.4	0.019
3	89.10	53.4	0.0089
4	86.20	50.5	0.008
5	82.90	47.2	0.027
6	80.80	45.1	0.256
7	80.50	44.8	0.039
8	78.20	42.5	0.358
9	77.60	41.9	0.13
10	72.60	36.9	1.3
11	71.60	35.9	1.32
12	69.90	34.2	8.15
13	68.30	32.6	2.67
14	65.90	30.2	0.56
15	64.10	28.4	2.34
16	58.00	22.3	2.68
17	55.93	20.23	9.33
18	50.68	14.98	11.34
19	47.52	11.82	7.56
20	43.93	8.23	25.23
21	35.70	0	56.12

按照实验测试数据（表 2-10），若只存在束缚水，可动水饱和度为 0，岩心的气相渗透率高达 56.12mD；当可动水饱和度为 8.23% 时，气相渗透率下降到 25.23mD；当可动水饱和度达到 30.2% 时，气相渗透率只剩下 0.56mD。根据相关式计算，测井解释渗透率 14.72mD 对应的可动水饱和度为 14.15%（图 2-61）。

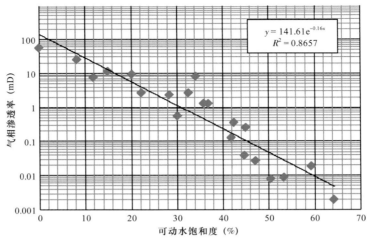

$$y = 141.61e^{-0.16x}$$
$$R^2 = 0.8657$$

图 2-61　岩样 5 测试数据回归分析

数据表明，随着气田开采的不断深入（地层压力下降，有效应力增加），当层内可动水逐渐产生时，天然气的流动能力将急剧下降，由于储层的平面非均质性，可能在部分低渗区域形成水锁气藏的现象，降低气井产能和气田的采收率。如果积极排出层内可动水，可增加地层内天然气的流动能力，在地层能量充足的条件下，恢复气井的产量，提高气田采收率。

2. 泥质含量增加束缚水量

分析表明，涩北气田是由第四系生物成因气不断排驱原生地层水而形成，充气排水效率决定了原始的气水分布。除了驱动压差之外，泥质含量是最主要的水驱效率决定因素。泥质含量越高，储层的连通性和渗透性就越差，气驱水形成气藏的效果就越差，原始含水饱和度就越高。选择 4 块泥质含量差异较大的岩样测试气水相对渗透率曲线，平均泥质含量与束缚水饱和度的关系见表 2-11。

表 2-11　平均泥质含量对束缚水饱和度的影响

序号	平均泥质含量（%）	束缚水饱和度（%）
1	18	42.23
2	37	53.10
3	46	61.15
4	65	70.53

数据表明，束缚水饱和度随着泥质含量的增加而增加（图 2-62）。涩北气田地层岩石的泥质含量差异较大，储层岩石泥质含量平均为 20%～30%，按照回归的关系式，束缚水饱和度为 43.6%～49.7%；泥岩隔夹层的泥质含量达到 50%～70%，按照回归的关系式，束缚水饱和度达到 62.0%～74.2%。

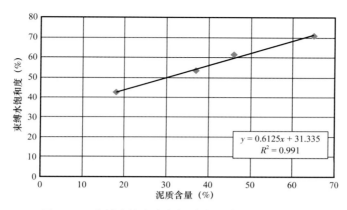

图 2-62　束缚水饱和度与泥质含量关系的回归分析

涩北气田的隔夹层仅渗透率远低于储层，其孔隙度与储层类似，都是 30% 左右。泥质含量与束缚水饱和度的计算表明，泥岩隔夹层具有相对较大的水蕴藏量，当达到束缚水转可动水的条件，储层、隔层间的压差超过隔夹层的毛细管力束缚而出水时，隔夹层的出水量对气井的影响不容忽视。

3. 气水相对渗透率曲线

1）气水相对渗透率曲线的分类特征

依据桑颋（2018）的研究思路，通过对涩北气田（包括涩北一号、北二号、台南）气水相对渗透率曲线的综合分析，可将其气水相对渗透率曲线划分为四类：

（1）Ⅰ类：两相共流区较宽，一般在 40%～50% 之间，表明该类储层中的气、水渗流性都较好，储层岩石泥质含量少，为粒间孔类型的粉砂岩、细砂岩；初始含水饱和度一般大于 50%，气水相对渗透率曲线的交点处含水饱和度一般小于 80%。

（2）Ⅱ类：曲线形状与Ⅰ类相似，只是两相共流区相对较小，一般在 30%～35% 之间，束缚水饱和度大于 60%。表明该类储层的水不易被气驱出，岩石中泥质含量较高，影响水的渗透性。该类岩石主要为孔隙分选较差的泥质粉砂岩和粉砂质泥岩，气水相对渗透率曲线的交点处含水饱和度一般大于 80%。

（3）Ⅲ类：两相共流区相对较大，一般在 50% 左右，束缚水饱和度为 50%～60%。该类岩石主要为孔隙分选较差的泥质粉砂岩和粉砂质泥岩，气水相对渗透率曲线的交点处含水饱和度一般在 80% 左右。

（4）Ⅳ类：两相共流区相对较小，一般在 20%～30% 之间，束缚水饱和度为 45%。该类储层岩石泥质含量高，主要为泥质岩类，孔隙细小，对气、水的流动性都很差，气水相对渗透率曲线的交点处含水饱和度一般小于 80%。

2）两相共流区较窄

由于岩石成分及孔隙结构的非均质性较强，岩样束缚水饱和度的差异较大，平均在 35%～65% 之间，气相的起始流动饱和度平均为 15%，因此气水两相共流区的范围为 20%～50%。由于气水两相共流区窄，可动水对气相相对渗透率的影响集中，在开发过程中，水对天然气流动影响大，气井见水或施工液侵入地层后，将严重影响气井产能的发挥和气井探测半径的扩大，导致气井压力迅速下降。

　　3）水的流动性差

　　从相对渗透率曲线的形态上看，大部分测试岩样的两相共流区最大相对渗透率低于0.5，且气水曲线的交点相对渗透率通常低于0.1，表明在两相条件下，气、水两相的渗透率都很低。4块人造岩心的气相渗透率（K_g）和水相渗透率（K_w）对比见表2-12，可以发现，水相渗透率比空气渗透率低2～3个数量级，平均气相渗透率是水相渗透率的280倍。

表2-12　人造岩心气、水单相渗透率测试对比（围压=5MPa）

序号	泥质含量（%）	气相渗透率（mD）	水相渗透率（mD）	K_g/K_w
1	45	15.6	0.091	171
2	50	11.5	0.088	131
3	55	10.3	0.086	120
4	70	4.6	0.0067	687
平均		10.5	0.068	277

　　通过涩3-15井16块岩样的气相渗透率与水相渗透率比较也可以发现（表2-13），气相渗透率是水相渗透率的207倍，最大可达685倍，最小的也有99倍，说明储层对水的渗透性差。气水单相流动能力对比如图2-63所示。

表2-13　涩3-15井岩样气、水单相渗透率测试对比

序号	样品号	井深（m）	气相渗透率（mD）	水相渗透率（mD）	K_g/K_w
1	1 1/2-2-16	521.48	16.4	0.027	607
2	9 1/2-3-1	543.02	11.7	0.0718	163
3	10 1/2-2-15	545.43	3.04	0.0199	153
4	18 1/2-3-6	571.70	71.0	0.5332	133
5	20 1/2-2-10	811.44	21.2	0.129	164
6	27 1/2-1-13	835.38	14.1	0.0456	309
7	28 1/2-3-6	839.97	169	0.358	472
8	30 1/2-2-12	1071.70	13.7	0.02	685
9	30 1/2-2-14	1071.80	38.4	0.08	480
10	20 1/2-3-11	1072.65	11.6	0.089	130
11	31 1/2-1-2-8	1080.46	27.5	0.277	99
12	31 1/2-1-4-5	1081.83	11.3	0.019	595
13	33 2/3-1-3-3	1311.76	75.9	0.672	113
14	34 1/2-2-6-18	1322.78	8.10	0.039	208
15	36-1-17	1332.93	6.90	0.0417	165
16	36-3-11	1334.59	2.86	0.0088	325
平均			31.42	0.15	300

涩北气田气井见水后，大部分气井出水量增长很慢，表明地层水的流动能力不强，受边水影响较晚，说明各砂体边水推进不会很快，推进距离有限。部分井提前具有边水产出的水侵特征，分析认为主要是局部冲蚀型高渗带导致的水窜。

测试的各组气水相对渗透率曲线（图2-63），其气水共流区、气水相对渗透率曲线的交点位置、束缚水饱和度、起始流动的气相饱和度，在各组岩样之间都存在较大的差异，反映出由于物性的非均质，涩北气田内水的流动性不均衡，储层内水的推进速度和气井的见水情况，在各个部位将会存在较大的差异。

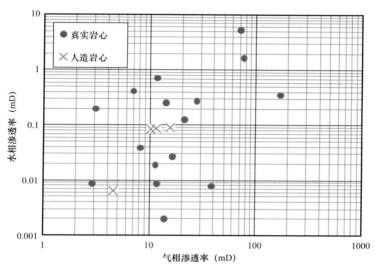

图 2-63　气水单相流动能力的对比

四、出砂速敏测试

分别测试储层岩石在含水和不含水条件下流动能力对流速的响应规律。

1. 不含水样品速敏测试

1）测试步骤

（1）将气测应力敏感实验和含水气测应力敏感实验的岩心烘干。

（2）分别放入岩心夹持器，加初始围压 2MPa。

（3）设置进口端初始压力为 20kPa，出口端压力为 1kPa。

（4）记录流量及渗透率值。

（5）依次增加入口压力（20～400kPa），围压跟踪高于进口压力约 2MPa。

（6）渗透率值稳定后记录数据点。

2）测试数据

（1）二次利用岩心的气相渗透率：对比实验前渗透率，大部分岩心渗透率有所增加，平均渗透率由初次气相渗透率的 8.24mD 增加到本次实验前的 11.39mD，平均增幅 22.36%（表2-14），其中 7 号岩心渗透率由初次的 10.22mD 提高到 18.58mD，增幅达到 81.8%；

17 块岩样中有 4 块渗透率下降，平均由 4.77mD 下降到 4.56mD，降幅 4.4%，其中 2 号岩心渗透率由初次的 3.91mD 下降到本次实验前的 3.59mD，降幅达到 8.18%。

表 2-14　速敏测试对比表

序号	初始气相渗透率（mD）	二次利用岩心气相渗透率（mD）	渗透率提高幅度（%）	速敏（出砂）临界流量（mL/min）
1	1.14	1.23	7.89	8.75
2	3.91	3.59	−8.18	8.95
3	5.60	7.58	35.36	—
4	0.84	0.93	10.71	8.46
5	13.61	17.72	30.20	530.00
6	1.19	1.30	9.24	5.60
7	10.22	18.58	81.80	—
8	9.07	8.90	−1.87	6.36
9	7.03	7.55	7.40	4.94
10	13.08	20.07	53.44	—
11	2.57	2.26	−12.06	6.79
12	8.58	11.09	29.25	7.85
13	34.87	54.06	55.03	432.07
14	3.53	3.49	−1.13	7.63
15	4.80	5.81	21.04	7.74
16	1.16	1.31	12.93	8.78
17	18.93	28.21	49.02	—
均值	8.24	11.39	22.36	7.44

（2）速敏特征：速敏的原始定义是当流速超过某一界限，由于微粒运移堵塞了多孔介质的部分孔道，从而导致介质渗透率的下降。对于疏松砂岩，通常采用主动防砂生产策略，即控制生产压差限产生产，因此高速非达西流效应的阻流降渗效应可以忽略。疏松砂岩介质的可动微粒较多，从微观孔隙结构特征的角度，微粒运移同时具有疏通提渗和堵塞降渗的双重效应，都可以归结为疏松砂岩介质的速敏效应，实验数据见表 2-14。为了确保岩心流动实验中岩心夹持器内壁与岩心之间的密闭性，按照实验标准，实验过程采用了围压自动跟踪的方式，即逐渐增加驱替压差，同时自动升高围压，使围压与岩心入口端压力始终保持 2MPa 左右的差值。对于疏松砂岩，持续的围压将导致岩心不断被压实，因此，即使没有速敏现象，测试岩心的渗透率随着流量的增加（实际上是随着驱替压差和围压的增加）也会体现递减的特征。

实验表明，疏松砂岩的速敏将体现为测试渗透率的异常升高或异常降低。17块测试岩心中：11样次观测到渗透率的异常升高，解释为达到了速敏的临界流速，岩样的平均临界流量为7.44mL/min；2样次测试到渗透率的异常降低，但由于临界流速数值与11样次渗透率升高的临界流速相差太大，不作为有效测试点；4样次未观测到明显速敏，分析认为是压实降渗与速敏疏通效应相抵消，数据趋势如图2-64所示。

3）测试数据分析

（1）二次利用岩心渗透率的改变。

二次利用岩心的渗透率大部分出现了升高现象，主要是由于在气测应力敏感和含水气测应力敏感实验中，岩心内部存在流动梯度，加上岩石的颗粒结构疏松，岩心内的气相流动和可动水流动可能改善了部分孔道的结构，局部的微粒运移也将导致出现一部分孔道的疏通和堵塞，综合效果导致大部分岩心在实验完毕后渗透率得以提高或降低。实验数据表明，初始渗透率越大，则二次渗透率提高幅度较大，初始渗透率高于10mD的5块岩样，二次渗透率平均提高幅度为53.9%，平均渗透率达到了28mD；而初始渗透率低于5mD的8块岩样，二次渗透率平均提高幅度只有5.1%，其中3块岩样的渗透率甚至出现了下降现象，分析认为是堵塞效应大于疏通效应。

（2）速敏特征。

微观上，微粒运移会造成渗流通道的堵塞和疏通，堵塞是永久且大范围的，而疏通却只是暂时且局部的，岩心实验的疏通现象只能代表该流速下岩心介质内发生了微粒运移，不代表该流速下实际储层的流动性会得到改善。从这个意义上来讲，只要是岩心实验测试到速敏临界流速，不论是疏通还是堵塞，该流速都应该是实际生产中要尽量避免的最大地层流速。11样次（占总测试样次的65%）观测到速敏现象，平均临界流量为7.44mL/min，测试圆柱岩心的直径为2.5cm，计算横截面积为4.9cm^2，折算速敏的临界流速为0.02526cm/s或21.83m/d。

4）对开发的启示

对于疏松砂岩储层，目前通常采用主动防砂的生产策略，即控制生产压差为地层压力的10%左右，根据地层岩石强度，这个比例范围可以在5%～20%之间选择，但人为因素影响很大，实际控砂效果也不好。

首先是生产压差的定义，生产压差等于气井生产时，压力波及范围内的地层平均压力与生产井井底压力的差值，但一口井的压力波及范围很难确定；其次压力波及范围内的地层压力也很难监测，通常只能靠推算，因此，主动防砂的生产压差控制法实际上难以操作。

疏松砂岩储层介质内的微粒运移取决于流体的携带能力，携带能力取决于流体（天然气和水）的黏度（水的黏度远大于气）和流速（单相时，含气孔道内的流速远远大于含水孔道内的流速；气水共存时，孔道内的流速取决于气水相互存在状态），而出砂量则取决于可动微粒的数量（包括原始条件下游离态的可动微粒，以及后期由于压实、剪切、水溶解胶结物导致岩石骨架破坏而产生的可动砂微粒）及微粒的粒径与流动通道的尺寸大小及连通程度。

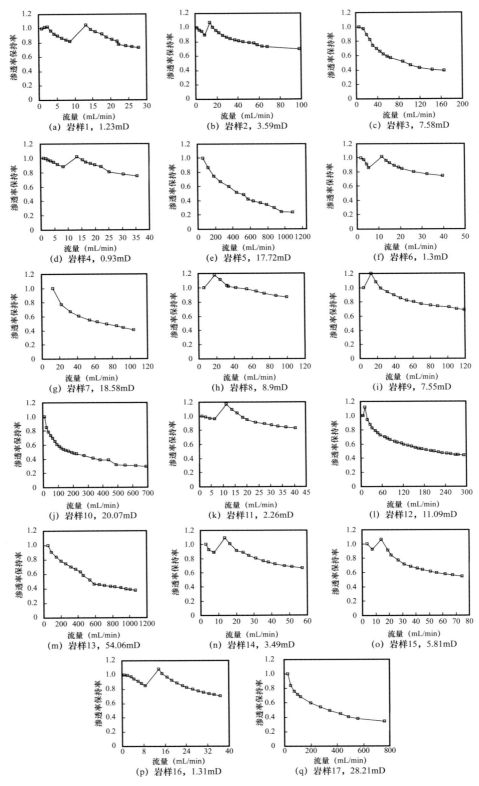

图 2-64　17块岩样速敏测试数据

井口或井底监测到产出砂，能够证明地层出砂；但如果没有监测到出砂，并不代表地层内部就没有微粒运移，只能说明近井发生了堵塞。

速敏实验表明，通过多孔介质内流动能力的变化能够体现介质内微粒的堵塞或疏通，对应到实际生产井，如果没有监测到井底产出砂，但如果在不改变井工作制度且没有出水的前提条件下，气井产量发生了显著变化（降低或升高），可以认为近井地层发生了由于微粒运移引起的速敏效应。

在疏松砂岩油气藏的开采过程中，介质内的速敏效应应当尽量避免，从出砂机理分析，控制生产压差，将避免较大的流动梯度所导致的岩石骨架剪切破坏而引起的大量出砂，但由于难以确定气井控制范围内的地层压力，因此控压差方式的实际操作难度较大，很难定量制订具体的生产压力控制计划。

本节的结论是通过控制产量来实现主动控砂，而不是常规认为的通过控制生产压差为地层平均压力的10%来实现主动防砂。

通过岩心速敏实验得到多孔介质内微粒运移的临界流速，结合实际气井的产段渗流面积，就能计算出该气井不同径向距离处出砂的气井临界产量（表2-15）。

表2-15 根据平均临界出砂流速计算的气井临界产量

产段长度（m）	气井临界产量（m³/d）				
	井壁处	0.2m	0.5m	1m	2m
10	82	357	768	1454	2825
20	165	713	1536	2907	5650
30	247	1070	2304	4361	8475
40	329	1426	3072	5814	11300
50	411	1783	3840	7268	14124

分别按照岩心实验中的最小临界出砂流速（4.94mL/min）和最大临界出砂流速（8.95mL/min），计算气井的临界出砂产量，见表2-16。

表2-16 根据最小临界出砂流速计算的气井临界产量

产段长度（m）	气井临界产量（m³/d）				
	井壁处	0.2m	0.5m	1m	2m
10	55	237	510	965	1876
20	109	473	1020	1930	3751
30	164	710	1530	2895	5627
40	219	947	2040	3861	7503
50	273	1184	2549	4826	9378

对开发的意义是：如果采用限产主动防砂策略，根据岩心实验的结果，对于产段长度为50m的生产井，如果想确保整个地层及井壁都不出现微粒运移，最大单井配产不能超过273m³/d；如果生产工艺可以处理产出砂，根据砂处理能力，计算允许出砂范围为井壁外储层内0.2m，则最大单井配产不能超过1184m³/d；如果允许出砂范围为井壁外储层内2m，则最大单井配产不能超过9378m³/d。

从计算数值来看，要使配产低于临界出砂流速，实际上是很不现实的。通过不含可动水的岩心速敏实验折算的近井2m不出砂的配产往往低于$1 \times 10^4 m^3/d$，近井1m不出砂的配产更是难以超过$0.5 \times 10^4 m^3/d$（表2-17）。如果地层含有一定量的可动水，由于携砂能力的增加、水敏效应、可动水对胶结物的溶解降低地层岩石强度等，不出砂的临界产量可能会更低，因此，涩北气田实际生产井将会全面出砂，只是因为可动水量、地层岩石强度非均质性，以及气井工作制度和防砂完井方式的差异，导致各气井出砂速度的不同。

表2-17　根据最大临界出砂流速计算的气井临界产量

产段长度（m）	气井临界产量（m³/d）				
	井壁处	0.2m	0.5m	1m	2m
10	99	429	924	1749	3398
20	198	858	1848	3497	6796
30	297	1287	2771	5246	10195
40	396	1716	3695	6994	13593
50	495	2145	4619	8743	16991

2. 含水样品速敏实验

1）测试步骤

（1）将岩心放入岩心夹持器。

（2）根据孔隙体积，计算达到设定可动水饱和度所需添加的地层水体积。

（3）采用精细滴管，从岩心入口端滴入相应体积的地层水。

（4）设置围压为2MPa。

（5）依次增加入口端压力（20～500kPa），出口端维持在1kPa。

（6）待渗透率值稳定后，记录测试点的流速和渗透率数据。

2）测试数据

针对J-2和J-5号岩心，分别进行了可动水饱和度为5%、10%和15%时的速敏测试，测试数据如图2-65和表2-18所示，同时对比不存在可动水的速敏测试指标。

3）数据分析

疏松砂岩多孔介质的速敏机理较为复杂，可动微粒的分布、数量很难确认，可动微粒存在状态改变的影响因素也较多，束缚水、可动水、压实、润湿性、非均质性、孔道结构、

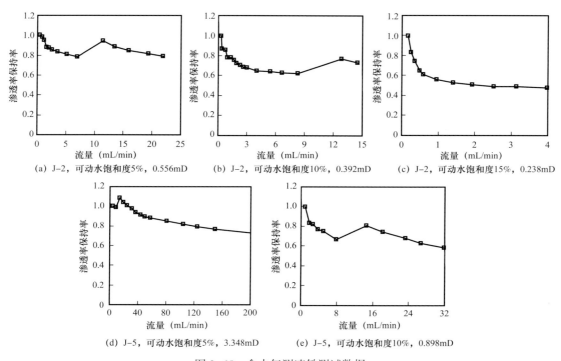

图 2-65　含水气测速敏测试数据

表 2-18　可动水饱和度对速敏临界流量的影响

岩样编号	渗透率保持率（%）				速敏临界流量（mL/min）			
	束缚水状态（可动水饱和度0）	可动水饱和度5%	可动水饱和度10%	可动水饱和度15%	束缚水状态（可动水饱和度0%）	可动水饱和度5%	可动水饱和度10%	可动水饱和度15%
J-2	95	82	63	56	8.95	6.91	8.28	未测到
J-5	95	81	75	61	6.36	8.3	7.85	未测到
平均	95	82	69	59	7.66	7.61	8.07	—

实验条件等都影响着速敏程度。在束缚水（无可动水）状态下，测试岩样的临界出砂流量为 4.94～8.95mL/min，平均为 7.44mL/min；可动水饱和度 5% 条件下，测试岩样的临界出砂流量为 7.61mL/min；当可动水饱和度达到 10%，临界出砂流量为 8.07mL/min；15%可动水饱和度下，没有测试到明显的出砂临界流速，分析其原因是出水具有较高的携砂能力，流动一开始就带动了微粒运移，从而削弱了流速对砂粒启动的影响。

从渗透率保持率随测试流速的变化规律上看，可动水饱和度越高，渗透率的降幅就越大，但可动水饱和度对速敏临界流速的影响却没有体现出一致的规律，主要是因为含水气驱时，水的携砂和水敏同时影响着微粒存在的状态和微粒运移的规律，气驱的速敏效应受多种因素影响而难以体现出一致的规律，如图 2-66 所示。

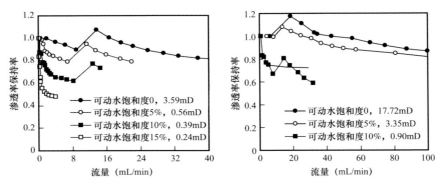

图 2-66　含水样品速敏测试数据

4）对开发的启示

对于疏松砂岩储层，可动水的出现及流动，通过水敏、携砂能力增强、改变微观流动孔道结构等机理，对渗透率的降低已经得到充分体现了，出水降渗在之前的应力敏感实验中也已经得到了验证。

从渗流机理分析，对于松散储层岩石，随着流动介质中的含水比例增大，由于其携砂能力的增加，速敏的临界流速将会降低。但含水气测速敏实验表明，速敏效应在可动水逐渐增多后反而变得不明显了，此外，通过含水气测速敏实验，并没有发现出砂临界流速与可动水饱和度之间一致的对应关系。表现为在气水混合流动时，出砂状态（渗透率突变点）依然主要取决于流速，而与流体的携砂能力无显著关系，或者说，可动水的降渗效应已经大大削弱了水对速敏临界点的改变。水的黏度远远大于气相，同样的水湿多孔介质，含水饱和度越大，气水混合物的流动能力越差。根据达西定律，达到同样的气流速度所需的驱动压差也会越大。本节实验研究表明，对于涩北气田的疏松砂岩储层，其临界出砂状态的最大影响因素是流速，而不是压差和流体类型，但对渗透率的最大影响因素是出水。

对开发的启示：对于涩北气田，水害大于砂害，只有防住了水，才能实现气井和气田的稳产。出砂临界产量（速敏）只作为合理配产的次要参考依据，重点还是要从防边水的角度制定合理的井网加密及新投产层布井方式，以及井网配产、调产策略，控制水线推进，并积极堵水、排水。

五、出砂疏通及淤塞实验

1. 实验目的

涩北疏松砂岩气田储层内要做到完全防砂是不现实的，开采中后期地层出水将会加剧地层出砂，从储层到近井，将会形成一个由于微粒运移而产生的从"疏通"到"堵塞"的过渡带（图 2-67）。对过渡带形成机理的深入认识，包括形成的过程、范围、沿程渗透率的变化及各微粒运移特征因素（微粒粒径、浓度、流速）的影响规律，有助于深入对储层速敏二次伤害过程的理解，便于控制出砂，延缓、消除出砂污染带的形成，有利于气井的稳产，提高疏松砂岩储层的整体开发效益。

本节利用等粒度组成的人工填砂长岩心模型，采用粉砂回注流程，制备具有污染带的样品，再通过改变驱替条件，通过分析渗透率的变化，研究疏松砂岩微粒运移的渗流机理，为储层保护、气井合理配产提供依据。

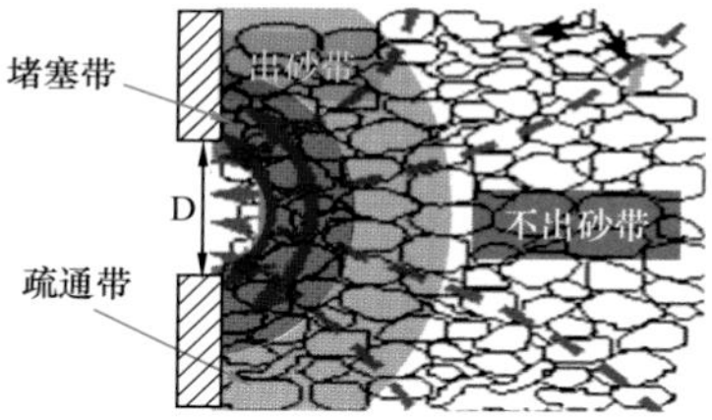

图 2-67　出砂污染带形成机理

2. 实验步骤

（1）校正压力传感器和数据连接，确保计算机有正确压力读数。

（2）配置填砂石英砂样，填砂。

（3）根据填入砂重、体积、砂密度，计算填砂管孔隙度。

（4）恒流泵标定：设定最高工作压力，设定流量，标定。

（5）冲砂疏通测试：① 设定 1mL/min 泵速，累计注入 1000mL 纯净水；② 记录时间—压力，分析水驱过程中各段渗透率的变化规律；③ 称量流出水量体积，估算管线滞留量，计算岩样内存水量；④ 根据填砂管孔隙体积，计算含水饱和度，测算有效孔隙度；⑤ 采用滤纸法称量流出水中的固相总质量；⑥ 激光粒度仪测量产出砂的粒度组成；⑦ 依次设定泵速为 2mL/min、3mL/min、4mL/min、5mL/min、6mL/min、7mL/min、8mL/min、9mL/min、10mL/min；⑧ 累计注入 1000L 纯净水；⑨ 重复步骤②～⑥。

（6）微粒堵塞测试：① 入口端填入 1g 细粉砂（535 目）；② 计算填砂管内的平均可动微粒浓度（根据出口端浓度估算）；③ 出口端换成 2 层 200 目筛网（防砂）；④ 泵速 5mL/min，累计注水 1000mL，若压力未达稳定，再注入 1000mL；⑤ 出口端换成 1 层 100 目筛网（部分防砂）；⑥ 泵速 2.5mL/min，累计注水 1000mL，若压力未达稳定，再注入 1000mL；⑦ 通过滤纸法判断所加细粉砂是否都被清除干净，记录滞留量；⑧ 入口端分别填入 2g、4g、6g、8g、10g 细粉砂（535 目），重复步骤②～⑦。

3. 疏通实验记录

1）长岩心填砂管几何参数

长岩心填砂管内径 2.5cm，长度 50cm，计算容量为 245.44cm³，石英砂密度 2.65g/cm³，填砂管填入砂质量 490.89g，计算孔隙体积为 60.1985cm³，折算孔隙度为 24.53%，测压点间隔 12.5cm。

2）实验现象

根据分段测压值，按照达西定律计算分段填砂管渗透率，为了便于对比，均折算为渗透率的保持率，渗透率变化幅度较大者，不论是升高还是降低，都表示发生了颗粒运移，升高表示发生了向外的微粒运移，降低则表示上游段微粒在本段淤塞，发生了储层伤害。

（1）不回注细砂，不挡砂冲砂（疏通）实验记录见表 2-19。

（2）回注细砂，2 层 200 目筛网（完全）挡砂驱替实验记录见表 2-20。

（3）回注细砂，1 层 100 目筛网（部分）挡砂驱替实验记录见表 2-21。

表 2-19　疏通实验测试记录

序号	驱替流速 （mL/min）	入口端渗透率 保持率	第二段渗透率 保持率	第三段渗透率 保持率	出口端渗透率 保持率
1	1.0	1.125	0.989	1.000	1.000
2	2.0	1.000	1.067	0.985	0.981
3	3.0	1.113	0.884	1.000	1.004
4	4.0	1.211	0.815	1.000	0.938
5	5.0	1.333	0.778	1.000	1.018
6	6.0	1.617	0.333	0.538	0.876
7	7.0	2.000	1.300	0.795	0.456
8	8.0	4.000	1.125	0.286	0.125
9	9.0	6.000	1.522	0.333	0.375
10	10.0	8.000	5.000	0.100	0.042

表 2-20　微粒堵塞实验（5mL/min）

序号	细砂添加量 （g）	入口端渗透率 保持率	第二段渗透率 保持率	第三段渗透率 保持率	出口端渗透率 保持率
1	1.0	1.000	2.000	0.500	0.667
2	2.0	1.000	0.873	0.412	0.174
3	4.0	0.867	0.682	0.571	0.320
4	6.0	0.727	0.615	0.462	0.148
5	8.0	0.700	0.500	0.423	0.250
6	10.0	0.427	0.345	0.217	0.080

表 2-21　微粒堵塞实验（2.5mL/min）

序号	细砂添加量 （g）	入口端渗透率 保持率	第二段渗透率 保持率	第三段渗透率 保持率	出口端渗透率 保持率
1	1.0	1.475	2.000	1.000	1.121
2	2.0	4.000	1.000	1.111	1.053
3	4.0	1.941	1.500	1.095	0.880
4	6.0	2.625	1.000	1.150	0.658
5	8.0	1.235	0.960	0.885	0.533
6	10.0	0.913	0.615	0.540	0.448

4. 疏通实验分析

利用长度为 50cm 的长岩心填砂管模拟出水疏松砂岩气井的近井渗流，入口端等效于井壁以外 50cm 的地层，出口段等效于井壁地层流出砂面，出口端的挡砂筛网等效于防砂完井方式的滤砂筛网，驱替实验时的泵水速度等效于气井出水时近井地层内的水流速度。

（1）当驱替速度为 1～2mL/min 时，四个填砂段的渗透率均没有发生显著变化，说明在该驱替速度下地层内没有微粒运移，微粒运移启动的液流临界速度低于 2mL/min，以此计算不同井底水气比时不发生微粒运移的临界气产量。

计算表明（表 2-22），对于 10m 产段的气井，如果只产凝析水，水气比通常小于 20$m^3/10^6m^3$，则不出砂的最大临界产量可以达到 3.69×10$^4m^3$/d；如果是层内出水，生产水气比将达到 50$m^3/10^6m^3$，则不出砂的最大产量只有 1.47×10$^4m^3$/d；如果出边水，生产水气比超过 200$m^3/10^6m^3$，则不出砂的临界产量只有 0.37×10$^4m^3$/d。对于生产水气比达到 500$m^3/10^6m^3$ 的水淹井，几乎不存在不出砂的产量，因此，要抑制地层出砂造成近井淤塞或生产管线的不安全，防水、治水是最直接的措施。

表 2-22　不发生微粒运移的气井临界产量估算　　　　　　（单位：10$^4m^3$/d）

产段（m）	不同水气比下的临界产量估计						
	5$m^3/10^6m^3$	10$m^3/10^6m^3$	20$m^3/10^6m^3$	50$m^3/10^6m^3$	100$m^3/10^6m^3$	200$m^3/10^6m^3$	500$m^3/10^6m^3$
1	1.47	0.74	0.37	0.15	0.07	0.04	0.01
2	2.95	1.47	0.74	0.29	0.15	0.07	0.03
3	4.42	2.21	1.11	0.44	0.22	0.11	0.04
4	5.90	2.95	1.47	0.59	0.29	0.15	0.06
5	7.37	3.69	1.84	0.74	0.37	0.18	0.07
6	8.85	4.42	2.21	0.88	0.44	0.22	0.09
7	10.32	5.16	2.58	1.03	0.52	0.26	0.10
8	11.80	5.90	2.95	1.18	0.59	0.29	0.12
9	13.27	6.64	3.32	1.33	0.66	0.33	0.13
10	14.75	7.37	3.69	1.47	0.74	0.37	0.15

再对比不同产段长度对临界产量的影响，可以看出，增加产段长度（包括多层合采、水平井、补孔等），都可以增大出砂临界产量，有利于防止出砂污染。

（2）当驱替速度超过 2mL/min 时，各个填砂段的渗透率出现了明显的变化。

① 当驱替速度达到 3～5mL/min 时，第 1 段渗透率分别增加了 11%、21% 和 33%，但第 2 段渗透率则分别降低了 12%、18% 和 22%，但第 3、4 段渗透率几乎没有变化。分析其原因，在入口端液流速度超过了微粒启动流速，发生了微粒运移，部分细砂粒离开本段，进入了第 2 段，由于驱替流速较小，没有造成第 2 段骨架微粒的运移，只是形成了第

1段运移出的细砂对第2段的部分堵塞，由于第2段渗流阻力提高，因此在第3、4段的渗流速度有所降低，低于微粒运移临界流速，因此第3、4段渗透率没有变化。

② 当驱替速度达到6mL/min时，第1段渗透率增加了62%，但第2、3、4段渗透率则分别降低了67%、46%和12%。分析其原因，在较高的液流速度下，第1段发生了显著的微粒运移，较多的微粒离开本段，使得本段渗透率增加较多，后续各段内的液流速度也都超过了微粒运移的启动流速，但各段微粒的进入量超过运移出的量，因为渗透率均有所降低。

③ 当驱替速度超过6mL/min时，第1段渗透率增幅超过100%，分析认为发生了骨架砂粒的垮塌，第2段内的流速也较大，运移出的砂粒数量超过进入的数量，因为渗透率也有所增加，但第3、4段渗透率降幅较大。

④ 当驱替速度达到10mL/min时，第1段渗透率增幅达到7倍，第2段渗透率增幅也达到了4倍，但第3、4段的渗透率降幅超过90%，发生了严重堵塞，这是因为出口端采用了100目挡砂筛网阻止了细砂的产出。

（3）疏通实验表明，疏松砂岩内微粒运移的启动动力是多孔介质内的真实渗流速度，当发生微粒运移时，尽管对一部分流动段会起到疏通的作用，但对整个流动通道将会起到堵塞的作用，从近井地层渗流过程的角度来讲，微粒运移造成储层伤害，通过降低流速可以避免微粒运移造成的储层污染，但又不利于气井的经济效益和生产效率发挥，合理的做法是防水、控水和增加产段面积。

5. 堵塞实验分析

地层微粒运移总体上会造成储层渗透率的降低，导致储层机械伤害。污染程度与运移微粒的数量和微粒与孔喉的尺寸匹配程度有关，在长岩心入口端注入粒径为30μm左右但数量不等的细粉砂，分别采用5mL/min和2.5mL/min的驱替泵速，并在出口端分别配置2层重叠的200目和1层100目筛网，实现对地层在不同运移微粒浓度、不同驱替速度和防砂完井方式下地层污染程度的模拟。

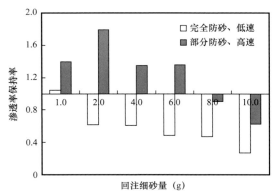

图2-68　不同出砂污染下岩心整体渗透率的保持率

实验研究表明，控制产量，允许部分出砂，有利于抑制地层的出砂污染。

（1）对比两组实验的岩心平均渗透率，如图2-68所示。

完全防砂（2层200目筛网）、较高液流速度（5mL/min）条件下，对应累计回注细砂量分别等于1.0g、2.0g、4.0g、6.0g、8.0g、10.0g的情况下，长岩心整体平均渗透率保持率分别为1.042、0.615、0.610、0.488、0.468和0.267，平均为0.582；而部分防砂（1层100目筛网）、较低液流速度（2.5mL/min）条件下，长岩心整体平均渗透率保持率分别为1.399、1.791、1.354、1.358、0.903和0.629，平均为1.239，明显高于前者。

细砂回注点设置在端口，较低的流速携砂能力较弱，使得注入长岩心的累计细粉砂量较小，对储层的影响相对较小，出口端允许细粉砂流出，有利于储层内渗透率的增高，在 1.0g、2.0g、4.0g、6.0g 累计加砂量时，长岩心整体平均渗透率保持率大于 1；在 8g 和 10g 累计加砂量时，长岩心的平均渗透率保持率还能达到 0.90 和 0.63。而较高流速时，由于其携砂能力较强，在实验初始阶段注砂浓度较大，由于出口端防砂，注入的砂和岩心内部的细粉砂不能产出，造成岩心内部的堵塞，因此除了加砂量 1g 时岩心平均渗透率保持率达到 1，其他加砂量条件下的岩心平均渗透率保持率均较低，加砂量 10g 时，岩心整体渗透率仅剩下 0.27。

对于生产的指导，采用控制产量或生产压差的策略，抑制地层砂的运移，降低出砂污染带范围，同时在完井方式上适当放大挡砂精度，允许近井地层的砂出来一部分。这样，由于出砂，近井地层渗透率得以保持或者提高，远井地带由于径向汇聚流流速低，达不到出砂启动流速，从而抑制了地层出砂现象。

但实际上，由于地层存在各种可动水，还有源源不断的边水，当气田生产中后期，尽管可以通过控制产量抑制储层内的流速，从而控制微粒运移造成的储层污染，但由于出水量的加大，尽管可以减小气量，但液流的携砂能力很强，地层出砂将越来越严重。因此，抑制出水才是抑制地层微粒运移污染的前提。

（2）对比两组实验的沿程渗透率保持率。

完全防砂（2 层 200 目筛网）、较高液流速度（5mL/min）条件下，长岩心从入口端到出口端的平均渗透率保持率分别为 0.79、0.84、0.43 和 0.27；而部分防砂（1 层 100 目筛网）、较低液流速度（2.5mL/min）条件下，长岩心从入口端到出口端的平均渗透率保持率分别为 2.03、1.18、0.96 和 0.78，明显高于前者，如图 2-69 所示。分析其原因，较低的液流速度携砂量较少，储层内能够启动的微粒数量也较少，加上出口端允许微粒的产出，因此无论是入口端还是出口端，后者的渗透率保持率都较高。

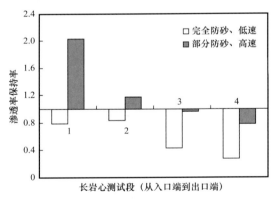

图 2-69　不同出砂污染下岩心分段渗透率的保持率

六、基于实验认识的气井产能分析

对于多层、出水、疏松砂岩气藏，随着地层能量的衰竭，合采层的层间逐渐达到平衡，层内水、层间水不断被采出，边水逐渐推进，储层岩石骨架受到压实，地层渗透率发生变化。在气田的整个开发过程中，除了地层能量的衰竭，地层的渗流条件也在不断发生变化。

1. 产能影响因素分析

连运晓等（2014）基于矿场生产特征对涩北气田气井产能的影响因素进行了全面分析，以下再结合本节实验研究获得的认识，从渗流机理上分析涩北气田气井产能的主控因素。

1）地层压力

地层压力的变化会影响层内水和层间水的存在状态及数量，渗透率将显著受地层压力的影响。产能方程用到地层的有效渗透率，因此可以考虑地层压力对地层有效渗透率的影响，从而定量估算疏松砂岩中压力变化对产能的影响。试井法产能方程虽然能准确反映测试条件下的产能，但不能描述渗流条件的改变对产能的影响，因此，可将公式法与试井法相结合，预测不同地层压力下的气井流入动态与气井无阻流量。

2）渗透率压敏

对于疏松砂岩储层，在开采过程中的不同压力阶段，岩石孔隙空间变形程度不同，孔喉的开度也不同，储层的渗透率将发生变化。根据岩心覆压实验，可得到有效应力与渗透率保持率之间的定量关系，代入公式法产能方程，即可计算不同压力状态下渗透率压实效应对产能的影响程度。

参考岩石压覆实验数据，分别计算不同压力降幅下气井无阻流量的降幅。计算结果如表 2-23 和图 2-70 所示，随着地层能量的下降，气井产能相应下降，产能下降可以分解为地层能量下降导致的产能下降和由于储层岩石应力敏感导致地层压实引起的气井产能下降。当地层压力下降幅度超过 10%，应力敏感降产幅度将超过 20%。

表 2-23　压实对产能的影响程度数据表

压力降幅（%）	产能降幅（%）	产能降幅分解		对产能降幅的贡献率	
		地层能量下降的降产效应（%）	应力敏感压实的降产效应（%）	地层能量下降的降产效应（%）	应力敏感压实的降产效应（%）
5	11.1	9.2	1.9	82.9	17.1
10	22.3	18.4	3.9	82.5	17.5
15	35.8	27.6	8.2	77.1	22.9
20	48.4	36.7	11.7	75.8	24.2

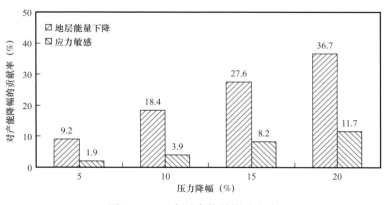

图 2-70　压实对产能的影响程度

3）出水降产

对于疏松砂岩储层，其岩石矿物中富含黏土，实验表明，由于润湿性、水敏等综合效应，导致气相渗透率比水相渗透率高出 30～1000 倍（取决于泥质含量），一旦出水，储层岩石的渗透能力将大大下降。产能方程中的渗透率是相对渗透率，可根据流动环境中的含水饱和度，由相对渗透率曲线计算出气的相对渗透率，利用产能方程预测不同含水阶段的气井产能。

利用产能公式计算可动水对产能的影响。计算结果见表 2-24，数据分析表明，随着可动水饱和度的增加，由于气相渗透率的下降，导致了气井产能的降低。以涩深 15 井为例，可动水饱和度每增加 1%，平均降产幅度为 3%，可动水早期降产幅度较大，单位含水饱和度降产幅度 3.5%，可动水饱和度大于 20% 以后，单位含水饱和度降产幅度低于 3%。

表 2-24　不同可动水饱和度对产能的影响程度

可动水饱和度（%）	5	10	15	20
平均降产幅度（%）	17.5	33.1	46.9	58.8
单位含水饱和度降产幅度（%）	3.50	3.31	3.13	2.94

有水气藏中，地层中的可动水对气田开发效果的降低主要表现如下：

（1）出水将通过降低地层中气相相对渗透率而显著降低气井产能。

（2）出水将通过降低地层有效流动性而显著降低气井压力的波及范围。

（3）出水将增加井筒的压力损耗。

（4）出水将提高气藏废弃压力，降低气藏可采储量，从而降低气藏采收率。

4）多层合采

多层合采时，各投产层的供气量取决于各层的压力、有效厚度和渗透率。对于疏松砂岩的出水气藏，各层之间的含水饱和度存在差异，导致气在层间流动能力不同，因此，小层供气量还与各层的含水饱和度及天然气相对渗透率有关。

2. 产能分布特征

1）层系气井产能分布特征

以涩北一号气田为例，数据见表 2-25，0、1、2、3、4 层组平均无阻流量分别为 $12.90 \times 10^4 m^3/d$、$13.91 \times 10^4 m^3/d$、$18.46 \times 10^4 m^3/d$、$30.11 \times 10^4 m^3/d$ 和 $30.97 \times 10^4 m^3/d$。最大无阻流量以深部位井较高。分析表明，由于深部地层能量足，成岩时间久，胶结强度较大，压敏现象较弱，所以深部层组平均产能较高，高产井比例比较大。

2）层组气井产能分布特征

数据汇总见表 2-26。总体上，低部位气井产能较高，说明产能的主控因素是静压，同时气井产能也受物性、出水、水侵的影响。

表 2-25　涩北一号气田各层系产能分级分布特征

开发层组	0	1	2	3	4	合计
统计井数	11	27	50	65	85	238
最大 Q_{aof}（10^4m^3/d）	27.56	41.45	39.49	87.09	136.22	136.22
平均 Q_{aof}（10^4m^3/d）	12.90	13.91	18.46	30.11	30.97	25.33
$Q_{aof} < 5 \times 10^4\text{m}^3$/d 的井数	3	6	2	7	2	20
Q_{aof} 在 $5 \times 10^4 \sim 25 \times 10^4\text{m}^3$/d 之间的井数	6	18	37	29	37	127
Q_{aof} 在 $25 \times 10^4 \sim 50 \times 10^4\text{m}^3$/d 之间的井数	2	3	11	13	34	63
$Q_{aof} > 50 \times 10^4\text{m}^3$/d 的井数	0	0	0	16	12	28

注：Q_{aof} 为无阻流量。

表 2-26　涩北一号气田各层组气井单井产能分级分布特征

层组	井次	静压（MPa）	无阻流量（10^4m^3/d）	层组	井次	静压（MPa）	无阻流量（10^4m^3/d）
0–1	1	4.79	2.283	2–4	30	12.06	18.374
0–2	5	5.87	15.568	3–1	6	12.77	7.096
0–3	5	6.26	12.366	3–2	31	13.44	27.391
1–1	1	7.77	2.050	3–3	28	14.14	38.047
1–2	3	7.93	5.742	4–1	49	14.51	28.531
1–3	10	9.28	16.392	4–2	10	15.14	21.804
1–4	13	9.77	14.790	4–3	12	15.60	28.525
2–1	6	10.25	19.548	4–4	9	15.71	44.612
2–2	1	10.88	4.735	4–5	5	16.49	22.241
2–3	13	11.49	19.211				

3）时间阶段的产能分布特征

数据汇总见表 2-27，分析表明，投产时间越晚，地层能量就越低，压实、出水、积液等效应越显著，测试气井的产能就越低。从历年测试产量级别的井数分布上看，高产井越来越少，发现高产井的难度越来越大，维持气井稳产是气藏开发的主要调整目标。

表 2-27 涩北一号气田各测试阶段单井产能分布特征

开发层系	年份					
	1990 年以前	1990—2000 年	2001—2010 年	2011—2012 年	2013—2014 年	合计 / 平均
统计井数	3	43	151	26	15	238
最大 Q_{aof}（$10^4 m^3/d$）	54.2	36.05	136.22	45.84	39.74	136.22
平均 Q_{aof}（$10^4 m^3/d$）	41.83	15.08	30.526	15.506	16.2	25.33
平均地层静压（MPa）	13.189	12.825	11.876	8.767	8.528	11.5
$Q_{aof} < 5 \times 10^4 m^3/d$ 的井数	0	10	1	6	3	20
Q_{aof} 在 $5 \times 10^4 \sim 25 \times 10^4 m^3/d$ 之间的井数	1	23	81	14	8	127
Q_{aof} 在 $25 \times 10^4 \sim 50 \times 10^4 m^3/d$ 之间的井数	2	10	43	6	4	65
$Q_{aof} > 50 \times 10^4 m^3/d$ 的井数	0	0	26	0	0	26

4）生产井型的产能特征

217 井次直井测试数据分布表明，测试无阻流量平均为 $25.41 \times 10^4 m^3/d$，对比同期测试的 21 井次水平井，平均无阻流量为 $24.51 \times 10^4 m^3/d$，数据表明，直井产能略高于水平井，原因包括以下几点：

（1）水平井实施较晚，对应的地层压力较低，21 井次测试时的地层静压平均为 8.2MPa，而直井测试时平均地层压力为 11.82MPa。按照水平井测试的静压横向对比，直井测试产能平均只有 $14.12 \times 10^4 m^3/d$。

（2）水平井层位普遍较浅，原始地层压力较低。

（3）水平井受积液影响显著，有效产段不足。

（4）水平井供气层只有 1 个，而直井为多层合采（5～7 倍单层产能替代比）。

由于出水，涩北气田的水平井相对直井的优势并不是很明显。

5）出水对气井产能分布的影响

数据汇总见表 2-28，测试产能与测试时水气比密切相关，无阻流量受出水的影响显著。以层内水为主的井，测试时水气比通常小于 $10 m^3/10^6 m^3$，对应的无阻流量为

表 2-28 涩北一号气田出水对单井产能的影响分析

测试时水气比（$m^3/10^6 m^3$）	井次	平均无阻流量（$10^4 m^3/d$）
0	64	18.28
1～5	88	33.01
5～10	38	28.74
10～20	16	22.82
20～50	19	17.82
>50	13	12.22

$30 \times 10^4 m^3/d$；边水水侵的气井测试时水气比通常大于 $50 m^3/10^6 m^3$，对应的无阻流量低于 $15 \times 10^4 m^3/d$。

6）作业措施对气井产能的影响

各种防砂完井方式，其实质都是通过不同程度地降低渗流面积而阻止细砂进入油管，但同时也降低了气井产能。统计了 8 口防砂井措施前后的无阻流量（表 2-29）。防砂措施导致气井无阻流量平均下降 36.9%，最大下降 54.0%，最少下降 10.0%。

表 2-29 气井防砂前后无阻流量的对比

序号	井名	无阻流量（$10^4 m^3/d$）		产能下降幅度（%）
		防砂前	防砂后	
1	涩 2-3	23.37	16.93	27.6
2	涩 2-4	15.66	10.44	33.3
3	涩 3-3	13.98	12.58	10.0
4	涩 3-7	20.51	15.74	23.3
5	涩 3-18	30.25	16.27	46.2
6	涩 4-9	25.59	14.45	43.5
7	涩 4-10	23.10	15.91	31.1
8	新涩 3-9	35.73	16.42	54.0
平均		23.52	14.84	36.9

3. 产能变化规律分析

1）气井历年产能变化特征分类

以涩北一号气田全气田 41 口多次测试井作为数据基础，其中，0 层组 2 口、1 层组 3 口、2 层组 7 口、3 层组 14 口、4 层组 15 口。将产能变化的主控因素分为压降、出水及压降与出水综合影响，其中压降影响 8 口、出水影响 9 口、综合影响 24 口（表 2-30）。

2）气井产能变化规律分析

压降的影响程度用压降幅度表示，出水的影响程度用水气比增量表示，分别对以压降为主控影响因素的 8 口井，以出水为主控影响因素的 9 口井进行分析，分别得到压降和出水单因素影响的产能变化规律预测（图 2-71）：

产能降幅（%）=1.3111× 压力降幅（%）。

产能降幅（%）=8.2601× 水气比增量（$m^3/10^6 m^3$）。

综合影响效果为二者的叠加，所以综合因素影响的产能变化规律：

产能降幅（%）=1.3111× 压力降幅（%）+8.2601× 水气比增量（$m^3/10^6 m^3$）。

将理论计算产能降幅与实测产能降幅比较，如图 2-72 所示。图中各点距斜率为 1 的直线偏差不大，说明产能变化规律预测方程能在一定程度上对实际生产起到指导作用。

表 2-30　涩北一号气田气井产能变化主控因素

层组	气号	静压（MPa）	无阻流量（$10^4 m^3$/d）	测试水气比（$m^3/10^6 m^3$）	主控因素	层组	气号	静压（MPa）	无阻流量（$10^4 m^3$/d）	测试水气比（$m^3/10^6 m^3$）	主控因素
0-2	涩H0-8	6.32	17.22	0	综合	3-2	涩3-18	13.51	29.20	0	综合
		6.20	13.13	1.01				13.42	13.71	27.75	
0-3	涩0-10	6.40	10.90	0	压降			12.77	16.21	1.34	
		6.37	4.65	0				12.77	15.94	2.56	
1-3	涩22	9.21	19.27	0	压降	3-2	涩3-20	14.17	87.09	3.11	压降
		7.99	13.40	0				10.57	13.30	3.34	
		6.16	6.18	0		3-2	涩3-24	11.42	12.76	8.57	综合
1-4	涩1-3	8.02	27.12	0.34	综合			10.10	9.19	32.79	
		7.37	21.29	5.10				9.99	6.89	90.15	
1-4	涩1-5	8.95	18.83	4.92	综合			9.60	5.35	40.69	
		8.64	23.85	1.38				9.54	3.97	57.04	
2-1	涩H2-8	10.49	19.57	4.36	综合	3-2	涩3-16	14.05	63.91	0.83	综合
		9.97	20.70	0				11.04	39.83	1.99	
2-3	涩19	10.96	25.27	2.13	综合	3-2	涩3-8	13.93	75.99	8.59	综合
		10.14	23.87	1.55				10.53	27.48	13.52	
2-3	涩2-18	11.31	14.19	2.40	压降			9.03	20.73	40.14	
		9.93	12.95	2.39		3-2	涩新试4	13.28	22.18	3.36	出水
2-4	涩23	16.90	29.92	0	压降			13.28	20.36	5.23	
		12.09	27.01	0		3-3	涩20	15.10	36.05	0	压降
2-4	涩2-3	11.58	22.42	3.04	综合			13.54	30.51	0	
		11.10	19.62	5.07		3-3	涩3-12	14.20	60.35	2.04	综合
		11.24	17.69	0				10.95	25.98	9.18	
		9.28	12.25	17.63				9.42	11.32	15.50	
		8.76	7.95	82.36				9.18	6.52	27.10	
2-4	涩2-4	11.54	21.09	3.83	出水			8.72	3.25	14.89	
		11.63	11.73	8.45		3-3	涩3-5	14.07	64.17	0.08	出水
2-4	涩2-9	11.75	24.13	1.38	综合			10.84	35.97	9.41	
		11.42	21.16	2.45				10.17	87.07	1.48	
3-1	涩3-42	11.55	9.46	11.74	综合	3-3	涩H3-2				出水
		10.87	8.39	1.81				8.56	50.52	5.95	

层组	气号	静压（MPa）	无阻流量（$10^4 m^3/d$）	测试水气比（$m^3/10^6 m^3$）	主控因素	层组	气号	静压（MPa）	无阻流量（$10^4 m^3/d$）	测试水气比（$m^3/10^6 m^3$）	主控因素
3-3	涩新3-2	12.83	65.82	3.28	出水	4-1	涩4-9	14.60	20.87	7.78	综合
		10.73	50.77	8.08				13.38	14.83	24.41	
		10.01	42.58	1.08		4-1	涩深15	15.42	50.74	0	综合
3-3	涩新3-9	12.45	22.11	21.50	综合			14.39	48.75	0.43	
		11.75	17.90	48.82				10.89	37.55	2.12	
3-3	涩新试3	13.41	56.29	0.69	出水	4-1	涩深16	15.82	54.20	0	综合
		13.41	48.71	1.12				15.23	43.82	1.32	
4-1	涩3-26	13.22	32.42	1.96	出水	4-1	涩试4	13.58	29.77	0.08	综合
		13.22	29.58	2.16				10.67	31.40	1.53	
4-1	涩4-16	15.60	25.19	0	综合	4-3	涩4-15	16.62	34.55	1.40	综合
		13.15	11.60	5.15				13.23	20.06	57.26	
4-1	涩4-19	13.49	34.27	4.33	出水	4-4	涩4-12	16.40	15.93	17.66	综合
		13.49	33.46	4.65				14.39	85.07	0.41	
4-1	涩4-2	14.16	34.17	0	出水			11.45	68.79	1.98	
		14.16	33.93	1.79				10.45	47.97	1.81	
4-1	涩4-20	14.14	44.35	2.26	综合			8.61	37.33	6.02	
		11.19	13.72	53.58				9.90	45.31	1.17	
4-1	涩4-5	14.63	30.47	3.20	综合	4-4	涩19	17.40	33.15	0	压降
		11.53	21.19	15.62				15.90	30.14	0	
4-1	涩4-6	12.78	53.91	0.98	综合	4-5	涩试1	17.56	5.59	0	压降
		10.13	36.58	2.59				13.33	4.48	0	

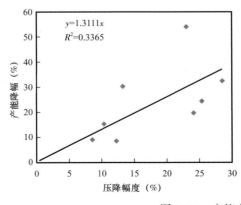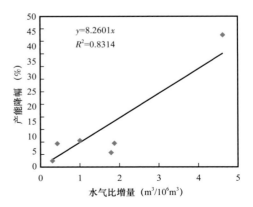

图 2-71　产能变化规律分析曲线

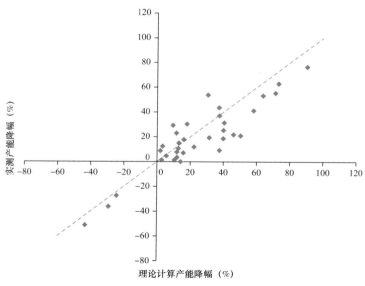

图 2-72　理论计算产能降幅与实测产能降幅关系图

第四节　气水分布规律及其影响因素的实验研究

一、微观剩余气分布可视化

1. 实验方法

制作填砂薄板，模拟各种物性非均质情况。然后一端注水，一端排气，记录水驱气前缘的变化过程。填砂薄板如图 2-73 所示。

图 2-73　填砂薄板

2. 实验分析

填制具有不同物性的充填砂，其中，模型左侧为相对高渗区，右侧为相对低渗区，观察各种渗透率级差对水驱气过程和剩余气分布形态的影响。

1）渗透率级差 1.5

（1）根据达西定律，渗透率较高区域流速较快，因此可以观察到侵入水在相对高渗区（左）流速较快，并且首先在高渗带突破，而在相对低渗带（右）水侵速度相对较慢，如图 2-74 所示。

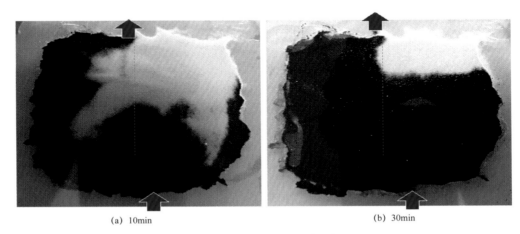

(a) 10min   (b) 30min

图 2-74　渗透率级差 1.5 时水驱气过程

（2）高渗带水突破后，出口端大量出水，但由于水的黏度远高于气相，因此并未形成水的优势通道，即相对低渗带并未停止水驱气过程，整个平板模型内的水驱前缘逐渐趋于一致。

（3）低渗带未形成水封气，但只要时间足够长，可以完成整个模型的水驱气。

2）渗透率级差 2.5

（1）相对高渗（左）区域的水驱速度较快，相对低渗（右）区域的水驱速度较慢，二者的差异比渗透率级差为 1.5 时更大，如图 2-75 所示。

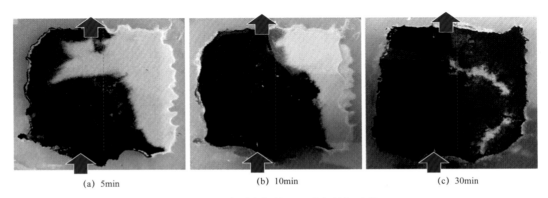

(a) 5min   (b) 10min   (c) 30min

图 2-75　渗透率级差 2.5 时水驱气过程

（2）高渗带水突破后，低渗区继续发生水驱气，水驱呈现两个方向：边水向生产井的方向、高渗含水区向低渗区。

（3）当低渗区也发生水突破后，在低渗区内出现了局部水封气的现象，之后继续水驱，该水封气区域并无改变，形成了剩余气。

3）渗透率级差5.0

在模型的中间区域设置较低的渗透率，在两边区域设置较高渗透率，渗透率级差达到5.0，水驱气过程中可以观察到以下现象（图2-76）。

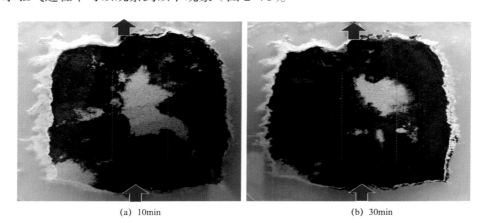

(a) 10min　　　　　　　　　　　　(b) 30min

图2-76　渗透率级差5.0时水驱气过程

（1）水沿左右两侧的相对高渗带迅速窜进，在中部相对低渗带水驱较慢。

（2）在水淹高渗带向含气低渗带发生横向水驱，低渗带剩余气逐渐减少。

（3）达到临界状态时，剩余气面积不再发生变化，形成绕流型剩余气。

4）冲蚀裂缝

涩北疏松砂岩气田的储层内部可能存在天然溶蚀缝，水侵后，在胶结薄弱处将出现后天的冲蚀裂缝，对剩余气的分布将产生影响。利用填砂薄板模型，人为制造先天裂缝和后天冲蚀裂缝，观察水驱过程（图2-77）。

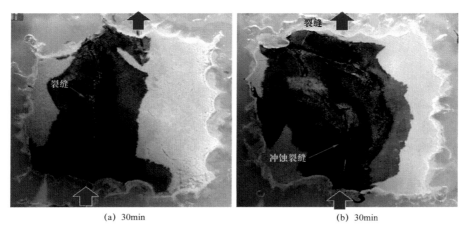

(a) 30min　　　　　　　　　　　　(b) 30min

图2-77　存在裂缝时水驱气过程

（1）裂缝与周围基岩的渗透性相差悬殊，即使在水气黏度存在巨大差异的条件下，也能成为水侵的优势通道。

（2）裂缝快速被水突破，储层中的主要水驱是从水淹裂缝向周围的较低渗储层。

（3）随着进一步的冲蚀，当裂缝延伸到气井周围时，边水快速被气井采出，边水对储层的驱替作用更加微弱，形成储层内的未波及型剩余气。

3. 剩余气类型及主控因素分析

1）成藏过程与初始气水分布

相对于气相，水相是润湿相，毛细管力是成藏过程中气驱水的阻力。物性越差的储层，通常岩石孔道的孔径越小，按照毛细管力计算公式，其毛细管力越大，所以成藏后的气相主要分布在背斜内岩石孔径较大、连通性较好的相对高渗区域。由于层状地层的垂向封隔性差异及充气不足等，从含气范围上看，各个小层和气砂体的含气边界存在显著差异。在含气范围以内，由于平面物性的差异，各处气驱水程度存在差异，毛细管力导致的气水过渡带分布范围和厚度均存在较大差异，导致涩北气田存在气水界面倾斜（物性主控）、含气边界参差不齐（岩性＋构造边界）、含气区域内存在局部水层（充气不足）的特点，这也是几乎所有气井出水，尤其是部分高部位气井也会大量产水的主要原因。

2）初始气水分布对水驱后剩余气的影响

（1）初始含气饱和度较高的区域：成藏时充气程度较高，物性相对较好，渗流阻力较小，气井压降漏斗面积大，能够最大限度发挥地层压力梯度的驱替作用，因此其水驱宏观波及系数较高，加上储层岩石的亲水性，在大孔道水淹后，在毛细管力的作用下将完成小孔道的水驱，因此其水驱气后的剩余气饱和度较低。

（2）初始含气饱和度较低的区域：成藏时充气不足，物性较差，渗流阻力较大，气井压降漏斗面积小，地层压力梯度的驱动范围有限，因此在远井带易出现未波及类型的剩余气。放大压差可以扩大压降波及范围，降低未波及区域，但对于涩北气田，较大的生产压差不利于防砂，并且会加剧近井带地层出水。

3）流动过程

形成水驱超覆型剩余气，其前提条件是存在水侵的优势通道。对于高黏水驱替低黏气的过程，要形成水侵优势通道，其前提条件是非均质地层的渗透率级差必须大于气水的黏度差异。涩北气田地层水黏度约为 0.5mPa·s，地层天然气黏度约为 0.02mPa·s，黏度相差 25 倍，形成超覆型剩余气，渗透率级差也必须大于 25 倍，显然这样的级差不可能出现在层间或砂体间等宏观尺度，而只能发生在以下三种情况：

（1）微观孔道：渗透率是渗流力学的基本概念，其实质反映的是在特征体积范围内所有连通孔道网络所具有的表观渗流能力。特征尺度越大，各个区域之间的渗透率差异性越小，渗透率级差越小，特征尺度越小，所能反映出的微观孔道结构性差异越大，渗透率级差也越大。气水流动和水驱过程实际上发生在孔道尺度，根据对涩北气田储层岩石的微观分析，岩石粒径分布的概率特征值 D_{10}—D_{95} 为 2.04～91.17μm，喉道半径的概率特征值 d_{10}—d_{95} 为 0.028～1.266μm，按照卡尔曼方程计算的渗透率概率特征值为

0.26～1870.56mD，在这个渗透率差异下，一定会发生超覆型水驱气的过程，形成微观的剩余气。这类剩余气将在亲水岩石的毛细管力作用下，逐渐被侵入水的自吸排气作用所采出。这也是涩北气田高出水气井难以完全不出气的主要原因，因为井控范围内的较小含气孔道将在大孔道水淹后持续发生吸水排气现象。

（2）孤立的较低渗区域：相互连通的孔道网络内的流动是连续流动，流动方向是从含气范围以外的边水区流到井底，中间的流动路径各不相同，驱动压力是边界压力与井底压力之间的压差。按照这个原理，连通孔道内的气相最终会被完全驱出，无剩余气。然而，储层岩石内的孔道网络不是单向连通的，可以视为若干孔道段的串联和并联，孔径和喉道差异较大，因此会在一些特殊的区域，当微观气水分布达到某一平衡状态时，该区域上下游之间的压差消失，流动停止，呈现为被水所包围的剩余气区域，该区域储层物性较差，因此也可称为孤立的较低渗剩余气区。本次研究中，通过可视化模拟实验展示的水封气现象主要就是由该机理造成。这类剩余气零星分布，很难再次动用。

（3）裂缝特高渗带：不论是先期的构造缝，还是后期的冲蚀缝，这类特高渗带形成了边水到生产井的水侵高速通道，并且消耗了侵入水的主要能量，从而在其他相对低渗的区域形成了压力梯度未波及型的剩余气。如果存在这类特高渗带，边水突破后，气井产水量将急剧增加，气井见水前控制范围内的储量将大部分被剩余。这类剩余气是挖潜提效的主要对象。

4. 气水分布规律对气田开发的启发

陈啸博（2015）、杨云等（2019）、连运晓等（2019）根据涩北气田的储层地质特征及开发历程，提出了防水治水的技术思路。本节实验研究的认识更进一步完善了涩北气田的防水治水技术策略。

1）谨慎鉴别高出水气井的水源类型

涩北气田储层构造平缓，成藏阶段重力分异作用不明显，导致气水边界参差不齐。物性差异导致气水过渡带厚薄不均，在物性较差的局部区域形成层内水层。边水水侵和层内高含水层均可能导致气井的高产水。从提高储量动用程度和防水、控水的角度，必须谨慎鉴别涩北气田高产水气井的水源类型。

2）一井一策分类控水

对于层内水高出水的气井，层内局部水层的纵向水侵将导致大量产水，并将形成平面内的阻流屏障，如图2-78所示，降低气藏的储量动用，应通过气井限产实现压锥控水；对于边水高出水的气井，针对边部高出水气井，应通过优化配产，实现地层压力梯度的均衡分布，抑制边水水侵，并根据生产动态资料进一步落实气水过渡带的位置，防止在气水过渡带上布井。

二、倾斜气水界面成因模拟实验研究

理论分析认为，涩北气田的倾斜气水界面有物性成因和水动力学成因。利用可视化填砂模型分别模拟这两个因素对倾斜气水界面的影响程度。

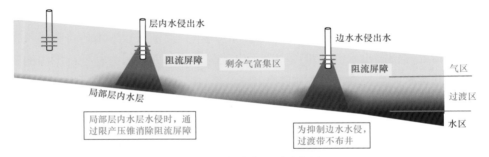

图 2-78 分类治水原则示意图

1. 实验装置

采用高强度有机玻璃搭建填砂箱体，模拟垂向流动，如图 2-79 所示。

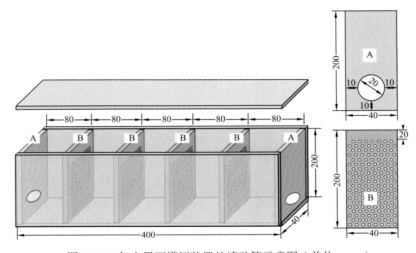

图 2-79 气水界面模拟装置的填砂箱示意图（单位：mm）

1）填砂箱体容积尺寸

长 400mm，宽 40mm，高 200mm，分为 5 个连通的等距内室，内室长度 80mm。

2）储层物性

通过填砂粒度和胶结水泥的比例控制填砂模型的渗透性。采用均质填砂方案模拟均质地层，如果每个内室采用不同的填砂方案，则可以模拟物性对气水界面的影响程度。

3）底水

模型底部两端分别设置一个进水孔和一个出水孔，采用外部连通 U 形管内的液柱控制底水能量。如果两端保持均衡的液柱高度，则可模拟恒定底水压力对气水界面的影响；如果两端保持稳定压差，则可模拟地层压力梯度或地层水流强度对气藏气水界面的影响。

2. 确定合理的填砂方案

根据涩北气田典型岩样的粒度组成特征（表 2-31），建立填砂粒度分布、胶结物含量与填砂模型物性的对应关系。

1）实验原理

储层渗透率分布在 10～50mD 之间。选用不同粒径分布范围的石英砂，混合不同比例的水泥，在不锈钢填砂管内制作若干基础骨架模型，以 10～50mD 作为目标渗透率，筛选出合理的石英砂粒度及水泥配比方案（表 2-31）。

表 2-31　骨架砂基础配样表

序号	筛选目数	中值粒径（μm）	配样（%）	
			1 号（相对中渗）D_{50}=33.40μm（细粉砂含量 64%，分选系数 1.5868）	2 号（相对低渗）D_{50}=24.00μm（细粉砂含量 93%，分选系数 1.5266）
1	W20	15	22.6	15.8
2	W28	21	13.2	32.1
3	535	30	18.2	43.7
4	320	45	15.3	6.1
5	280	54	8.2	2.3
6	240	63	7.5	—
7	180	80	5.7	—
8	150	100	4.6	—
9	120	125	3.2	—
10	100	160	1.5	—

2）实验步骤

填砂管（图 2-80）孔隙度及渗透率测试结果见表 2-32 和表 2-33。

图 2-80　填砂管

（1）从质量含量 0 开始，按照 1% 的增幅，在各个基础砂样中依次均匀混入水泥，直到水泥的质量含量达到 25%。

（2）将混砂样装入填砂管，两端封装（图 2-80）。

（3）饱和水 24h，称湿重。

（4）静置阴干 24h，再气驱到束缚水，称干重，计算有效孔隙度。

（5）120℃烘干 8h，称干重，计算总孔隙度。

（6）测试渗透率见表 2-32 和表 2-33。

表 2-32　相对低渗组（2 号）填砂管渗透率测试数据

水泥（%）	湿重（g）	干重（g）	总水重（g）	总孔隙体积（cm³）	总孔隙度（%）	有效孔隙度（%）	D_{50}（μm）	不均匀系数	分选系数	渗透率（mD）
0	141.93	132.17	9.76	9.76	40.64	29.7	25	0.246	1.204	38.7
1	140.45	130.71	9.74	9.74	40.56	29.1	25.3	0.274	1.157	38.3
2	142.55	133.14	9.41	9.41	39.18	26.5	18.7	0.428	0.803	32.3
3	132.36	121.98	10.38	10.38	43.22	33.2	16.5	0.507	0.788	31.7
4	139.17	129.59	9.58	9.58	39.89	28.5	17.9	0.465	0.883	33.2
5	142.83	133.08	9.75	9.75	40.6	29.3	15.5	0.493	1.005	26.4
6	142.42	132.71	9.71	9.71	40.43	27.3	18.5	0.476	0.81	27.5
7	142.61	132.82	9.79	9.79	40.77	28.7	16.7	0.515	0.792	28.4
8	143.02	133.37	9.65	9.65	40.18	26.8	28	0.307	1.145	25.6
9	140.53	130.71	9.82	9.82	40.89	25.4	28.8	0.303	1.176	20.0
10	136.96	127.33	9.63	9.63	40.1	25.4	16.9	0.548	0.729	24.7
11	140.97	130.94	10.03	10.03	41.77	27.8	17.3	0.499	0.803	18.8
12	136.82	128.41	8.41	8.41	35.02	16.8	16.9	0.512	0.766	29.9
13	141.25	131.56	9.69	9.69	40.35	26.3	18.2	0.486	0.779	24.3
14	139.33	129.79	9.54	9.54	39.73	25.0	21.9	0.459	0.831	17.4
15	138.35	128.94	9.41	9.41	39.18	25.7	20.3	0.497	0.688	19.0
16	141.93	131.59	10.34	10.34	43.06	31.7	18.7	0.501	0.752	14.5
17	138.77	128.99	9.78	9.78	40.72	23.3	18.9	0.471	0.843	23.3
18	140.98	131.3	9.68	9.68	40.31	22.6	18.1	0.5	0.748	18.4
19	140.03	130.12	9.91	9.91	41.27	27.6	16.2	0.562	0.671	22.3
20	139.06	129.02	10.04	10.04	41.81	29.6	18.3	0.54	0.625	16.5
21	139.43	129.47	9.96	9.96	41.47	21.8	17.6	0.426	0.898	16.0
22	137.72	127.81	9.91	9.91	41.27	22.4	19.3	0.501	0.78	24.3
23	124.58	113.63	10.95	10.95	45.6	29.9	19	0.523	0.659	19.1
24	127.58	116.95	10.63	10.63	44.26	24.7	15.3	0.522	0.805	17.1
25	130.48	119.88	10.6	10.6	44.14	27.9	18.7	0.484	0.713	13.1

表 2-33　相对中渗组（1 号）填砂管渗透率测试数据

水泥（%）	湿重（g）	干重（g）	总水重（g）	总孔隙体积（cm³）	总孔隙度（%）	有效孔隙度（%）	D_{50}（μm）	不均匀系数	分选系数	渗透率（mD）
0	136.55	127.36	9.19	9.19	38.27	38.10	37.73	0.453	1.267	80.9
1	136.11	125.81	10.3	10.3	42.89	31.81	27.94	0.473	0.914	56.9
2	139.85	129.01	10.84	10.84	45.14	13.66	20.28	0.374	1.057	60.0
3	125.54	113.20	12.34	12.34	51.38	32.98	18.38	0.447	1.014	67.1
4	137.22	125.42	11.8	11.8	49.14	32.81	26.41	0.481	0.921	56.5
5	138.14	127.06	11.08	11.08	46.14	28.82	27.44	0.427	0.994	56.0
6	136.83	125.77	11.06	11.06	46.05	14.74	23.36	0.463	0.962	62.0
7	133.35	124.73	8.62	8.62	35.89	21.53	22.13	0.441	0.993	60.0
8	137.60	126.32	11.28	11.28	46.97	21.24	29.52	0.434	1.002	57.5
9	136.62	125.51	11.11	11.11	46.26	22.94	22.79	0.467	0.834	31.1
10	133.27	122.44	10.83	10.83	45.10	21.20	24.46	0.439	0.994	36.2
11	135.87	124.92	10.95	10.95	45.60	19.57	24.73	0.467	0.801	32.2
12	137.31	126.39	10.92	10.92	45.47	22.61	19.19	0.462	0.834	30.1
13	136.38	126.89	9.49	9.49	39.52	24.36	39.8	0.457	0.943	30.5
14	136.04	125.46	10.58	10.58	44.06	21.49	23.01	0.44	1.007	23.6
15	138.41	128.56	9.85	9.85	41.02	21.11	22.97	0.426	1.053	24.8
16	137.69	127.46	10.23	10.23	42.60	19.57	10.71	0.486	0.791	23.5
17	134.09	123.51	10.58	10.58	44.06	20.28	23.71	0.489	0.815	21.3
18	136.13	126.59	9.54	9.54	39.73	15.20	27.19	0.456	0.815	19.6
19	137.73	128.76	8.97	8.97	37.35	14.16	21.83	0.481	0.813	19.5
20	136.61	125.54	11.07	11.07	46.10	18.53	26.67	0.463	0.941	15.4
21	135.55	125.15	10.4	10.4	43.31	15.49	23.61	0.447	1.083	19.2
22	135.91	126.00	9.91	9.91	41.27	15.53	38.81	0.434	1.029	16.6
23	123.54	112.08	11.46	11.46	47.72	14.49	22.43	0.416	1.081	15.9
24	125.26	113.89	11.37	11.37	47.35	12.91	25.51	0.427	1.071	16.2
25	126.92	117.84	9.08	9.08	37.81	12.78	12.6	0.459	0.930	15.4

3）物性成因模拟研究

（1）实验原理：实际地层在成藏过程中，由于气柱充气不足，在相对低渗带和物性较差的区域形成大量的地层水，于是在成藏后人们往往发现物性越差的储层地层水含量相对越高。室内模拟实验室，通过填砂粒度和胶结物含量，人为填制具有物性差异的模型，利用亲水石英砂的自吸作用，形成气水过渡带，过渡带高度取决于高端填砂模型孔道网络内的吸吮压力。因此从模型外观上将能看到非均质物性导致的倾斜气水界面。倾斜气水界面的物性成因模拟装置示意图如图 2-81 所示。

图 2-81　倾斜气水界面的物性成因模拟装置示意图

（2）实验观察：气水过渡带的液柱高度可通过毛细管力计算公式得到。对于涩北气田储层岩石，依据物性其毛细管力分布在 0.15～2.5MPa 之间，换算成气水过渡带的液柱高度将达到 15～250m，显然超出了实验室填砂模型的尺度。

因此，该实验仅为演示实验，展示的气水过渡带差异并不会用来进行相关的气藏工程计算。实验中，将模型上部密封，并保持一定的气压（图 2-81），阻止毛细管力导致的液面上升，使实验中气水过渡带能显示出与物性相关的高度差。

静置 10h，填砂箱内液面趋于稳定，深色为水，白色为气。观察发现，模型的静水界面高度一致，但过渡带液柱差异显著，且与物性相关性较强（图 2-82）。

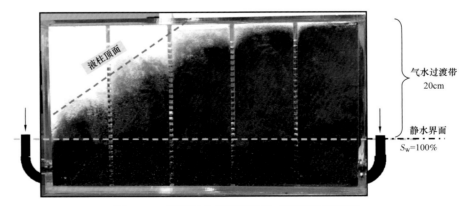

图 2-82　倾斜气水界面的物性成因模拟示意图

（3）实验与实际的一致性分析：涩北气田的物源方向为北东—南西向，沿物源方向水动力逐渐减弱，沉降的固相粒度越来越小，意味着涩北气田的物性从北东向西南方向逐渐变差。这一物性分布特征已经被气井产能的分布规律验证。物性分布特征导致了西南方向的气水过渡带较厚（埋深更浅），因此涩北气田的气水界面总体呈现西南高、东北低的特征。

（4）对层内水分布特征的意义：静态气水分布模拟实验认识到，由于气田构造平缓，重力导致的气水分异现象并不显著，因此含气边界与构造等高线的重合程度较差，这一现象尤其体现在西南方向（图2-83）。此外，受物性差异主控的成藏充气不足，以及毛细管力差异导致的气水过渡带高度不规则（图2-84），形成了涩北气田特有的初始气水分布特征，例如，在气砂体的中高部位也可能存在局部的层内水层（图2-85）。

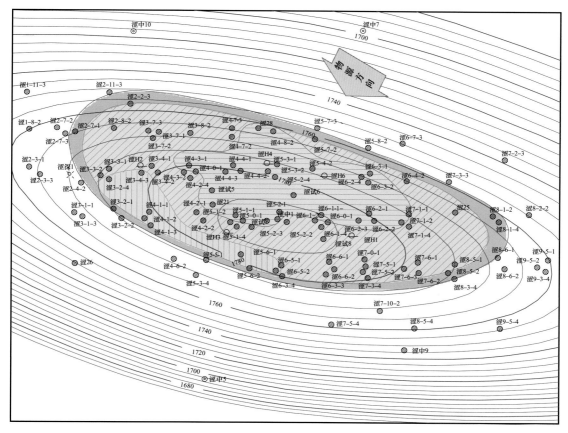

图 2-83　倾斜气水界面示意图（单位：m）

4）水动力成因模拟研究

（1）实验原理：采用均匀填砂方案，避免非均质物性对气水界面的影响，在模型底部制造单向流动（图2-86），则气水界面的高差将体现出底水的流动压力梯度。

（2）实验观察：静态实验中，静水液面高度一致，由于物性差异导致过渡带出现显著差异；本实验中，物性一致，水动力直接导致了静水液面出现显著差异（图2-87）。

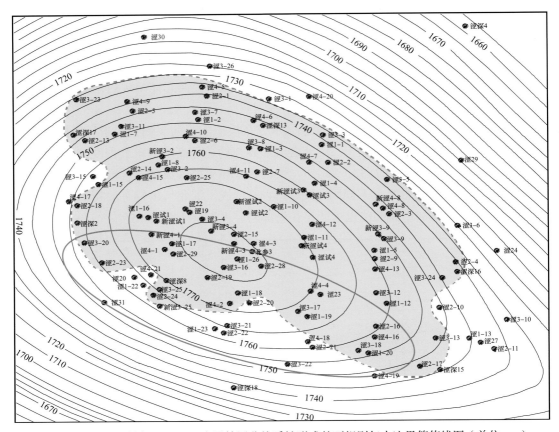

图 2-84 涩北一号气田 2-1-3 小层储层非均质性形成的不规则气水边界等值线图（单位: m）

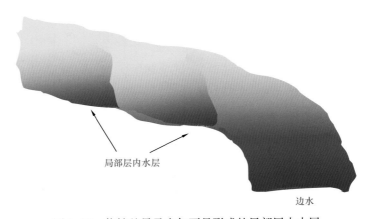

图 2-85 物性差异及充气不足形成的局部层内水层

（3）实验与实际的一致性分析：模拟实验中，底部水体上 2m 高的水柱在 40cm 长的填砂模型内产生了 13cm 的气水界面高差，折算的底部水体上的流动压力梯度为 0.325m 水柱 /m，测试流速为 1.123m/d。涩北一号气田气水界面西南高、东北低（图 2-87），气水界面倾角 0.4°～0.65°，沿程距离 29km 处气水界面高差 36m。假设该倾斜气水界面的成因为水动力，气水界面的高差折算到底部水体中的流动压力梯度为 0.001m 水柱 /m，依据达西渗流公式计算，由于地表液面高差在底部水体产生了 0.004m/d 的恒定流速（表 2-34）。

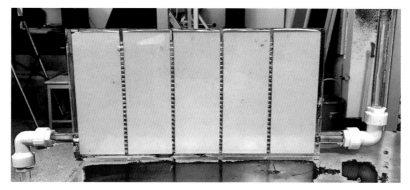

图 2-86　倾斜气水界面的水动力成因模拟装置示意图

图 2-87　倾斜气水界面的水动力成因模拟过程示意图

表 2-34　非均匀水侵距离测试数据

条件	界面水柱高差	沿程距离	压力梯度（m 水柱 /m）	流速（m/d）
实验	13cm	40cm	0.325	1.123
实际	36m	29km	0.001	0.004

　　柴达木盆地地面水系存在南强北弱的特征（图 2-88），但由于储层岩石内地层水的流动性很差，流动阻力非常大，在储层内部的地层水并不存在定向渗流。

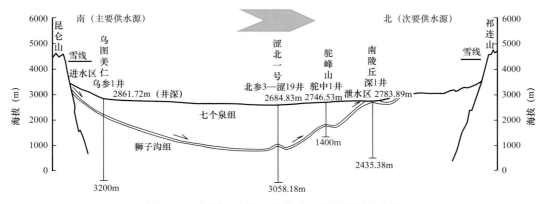

图 2-88　倾斜气水界面的水动力成因分析示意图

从气水分布上看，涩北气田存在大量边水，但从地层水的流动能力上分析，无论是实验室的岩心测量，还是基于目前气水界面高差计算的地层水流动压力梯度，都表明涩北气田的边水连通性很差，沿高渗条带的局部快速水侵只造成个别中高部位气井提前出现边水水侵的特征，而大部分边部气井的较大出水量增幅，只是由于位于气水过渡带，层内水的汇聚流和层间水的层窜，使得气井具有快速增长的出水量。天然的倾斜气水界面和各砂体各部位水侵差异的主控因素是地层渗透率和气藏的开采强度。

第五节　非均匀水侵过程主控因素的实验研究

一、平面非均匀水侵主控因素模拟实验

水侵过程的差异性主要取决于水的流动能力和促使地层水流动的地层压力梯度，对于涩北气田，边水水侵过程取决于储层的渗透率和采气强度，渗透率分布的差异性、气井的井网密度和配产均导致了涩北气田水侵的非均匀性。李泓涟（2014）、陈汾君等（2018）、宋刚祥（2019）的研究得到了类似结论。以下利用可视化填砂模型分别模拟这两个因素对非均匀水侵过程的影响程度。

1. 实验装置

采用高强度有机玻璃搭建填砂箱体，模拟平面内的水驱过程。

1）填砂箱体容积尺寸

长400mm，宽400mm，高40mm，通过进水筛管提供边水水驱的能量，在另一侧设置两口排气孔，模拟生产井（图2-89）。

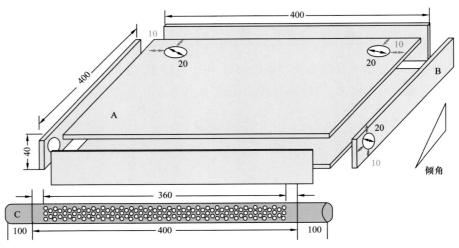

图2-89　平面非均质水侵可视化模拟实验装置设计图（单位：mm）

2）储层物性

通过填砂粒度和水泥的比例控制模型的渗透性。采用均质填砂方案模拟均质地层，采

用不同的填砂粒度模拟物性对边水推进过程的影响。

2. 物性差异导致的非均匀水侵

1）实验方法

将填砂箱分成两部分，骨架砂分别采用 100 目和 40 目，再配以细粉砂和水泥，模拟储层平面渗透率级差为 2～3 时的水侵过程差异。记录不同时间水侵的位置，如图 2-90 和表 2-35 所示。

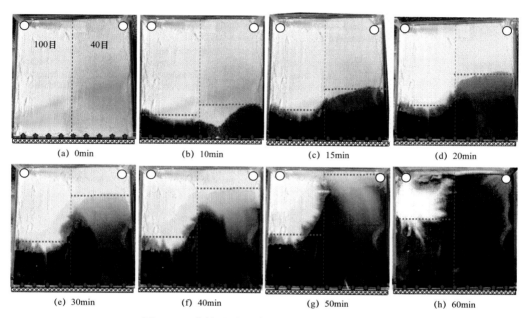

图 2-90　物性差异导致的非均匀水侵过程模拟

表 2-35　非均匀水侵距离测试数据

测试时间 （min）	水驱前缘距离（cm）		水驱速度（cm/min）	
	100 目	40 目	100 目	40 目
0	0.0	0.0	—	—
10	6.8	12.0	0.68	1.20
15	9.7	17.7	0.58	1.14
20	12.3	23.0	0.52	1.06
30	16.0	31.0	0.37	0.80
40	19.2	36.1	0.32	0.51
50	21.3	39.0	0.21	0.29
60	22.4	40.0	0.11	0.10

2）数据分析

（1）物性越差，相同压差和时间条件下，水侵距离越近（图2-91）。

（2）随着水侵的继续，水侵速度显著下降（图2-92）。

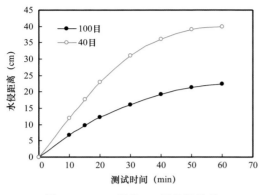

图2-91　100目和40目骨架砂的
水侵距离随时间的差异

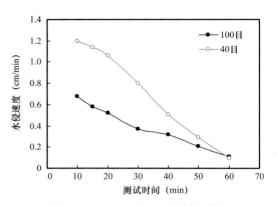

图2-92　100目和40目骨架砂的
水侵速度随时间的差异

3）实验认识

物性差异导致了水侵速度的差异，物性越差，水侵速度越慢。

涩北气田储层内的气水流度相差数百倍甚至上千倍，发生水侵后，水侵带的渗流阻力将急剧增大，会显著削弱边水区的压力优势。所以，水侵带越宽，水侵速度减缓越多，从这一点看，非均质储层并不会发生显著的差异性边水水侵，即使先天渗透率级差导致了水侵的非均匀性，随后都会因为水的流度远低于气的流度，水侵带都会趋于一致，并且整体水侵趋势也会逐渐下降。

通过该实验，结合气水渗流理论，可以认为涩北气田不存在长驱直入的边水水驱优势通道，而只会存在由于先天渗透率较高而导致的优势水侵带，加上这些高渗带气井配产较高，边水区与含气范围的流动压力梯度较大，因此这些区域的水侵速度会相对较快。

气藏高部位远离边水的出水气井，其水源应该是层内局部水层的水。

3. 水动力差异导致的非均匀水侵

1）实验方法

采用均质填砂方案和恒定压力的边水，将其中一口模拟采气井关闭，只保留一口气井排气，以此模拟水动力差异导致的平面非均匀水侵过程，如图2-93所示。

2）数据分析

水动力差异导致的水侵距离和水侵过程见表2-36。

（1）水动力差异对水侵速度的影响与距离有关，近井带径向流态所占比例较大，压力梯度较大，所以近井带水侵速度较快，较远距离水侵速度较慢（图2-94，图2-95）。

（2）水侵距离越长，水侵带消耗的能量越多，水侵前缘逐渐变均匀。

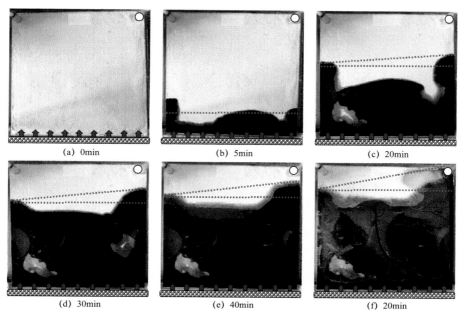

(a) 0min　　　　　　(b) 5min　　　　　　(c) 20min

(d) 30min　　　　　　(e) 40min　　　　　　(f) 20min

图 2-93　水动力差异导致的非均匀水侵过程模拟

表 2-36　水动力差异导致的非均匀水侵距离测试数据

测试时间（min）	水驱前缘距离（cm）		水驱速度（cm/min）	
	双井	单井	双井	单井
0	0	0	—	—
5	7.0	7.0	1.40	1.40
20	21.0	23.9	0.93	1.13
30	27.5	32.5	0.65	0.86
40	31.0	37.4	0.35	0.49
60	33.5	40.0	0.13	0.13

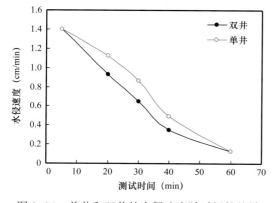

图 2-94　单井和双井的水侵速度随时间的差异

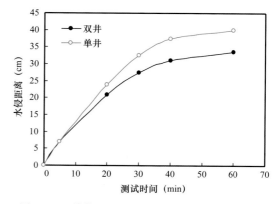

图 2-95　单井和双井的水侵距离随时间的差异

3）实验认识

（1）气藏的水侵是高黏水驱替低黏气的过程，不存在黏性超覆窜进，水侵过程主要受控于地层压力梯度及其分布特征，同时也取决于先天物性的分布特征。

（2）储层岩石具有亲水性，毛细管力是储层岩石孔道网络内水驱气的动力，孔径越小，毛细管动力越大，这一现象平衡了孔径越小、渗流阻力越大、水驱气速度越慢的现象，有利于在非均质储层中形成均衡的水驱前缘。

（3）平面上水驱气的前缘水线形态主要取决于地层压力梯度，与采气强度正相关，到气井的距离越近、配产越高，则水侵速度越快；物性越差、水侵带越宽，则水侵速度越慢。

二、平面非均衡水侵过程模拟实验

1. 实验目的

通过可视化物理模拟实验，搞清平面均质地质气藏非均匀水侵特征及推进速度、产生原因等。

2. 实验流程

建立了宏观可视化水侵物理模拟实验流程：将挑选的非均质岩样装入岩心夹持器后，通过高压注射泵向岩心夹持器中的岩心加围压，模拟上覆岩层压力，关闭出口端阀门，打开进口阀门，通过高压气源向岩心孔隙饱和气，模拟气藏储层原始压力，饱和气至岩心前后两端压力均平衡为实验所需压力时，关闭进口阀门，使岩心与气源断开，处于自身的压力系统；水体增压至与岩心孔隙气体压力一致，打开阀门，使水体与气层保持连通，处于同一压力系统；然后，打开出口端阀门，通过阀门控制气流量模拟气井开采，观察并记录平面非均质气藏开发过程中的水侵特征。

基于以上流程建立一套可视化水侵物理模拟方法及装置，如图 2-96 和图 2-97 所示，为研究水侵路径、水侵前沿推进速度及水侵影响提供了关键技术支撑。

图 2-96　可视化水侵物理模拟实验装置

图 2-97　可视化水侵物理模拟水侵实验图

3. 实验方案

（1）选用四组不同渗透率岩心模拟平面不同非均质分布特征（表2-37）。

表 2-37　水侵实验选取岩心统计表

模型组合	样品编号	井号	渗透率（mD）	孔隙度（%）	长度（cm）	直径（cm）
一组（串联）	1−2−7	台4−31	1.93	29.4	5.495	2.355
	1−2−8	台4−31	2.11	29.4	5.645	2.386
二组（串联）	5−3−2	台4−31	9.34	29.5	4.398	3.693
	6−5−1	台4−31	10.2	27.0	5.625	3.707
三组（串联）	1−3−5	台4−31	5.37	33.6	5.346	2.394
	1−4−1	台4−31	5.71	32.2	5.394	2.306
四组（串联）	1−5−3	台4−31	24.4	36.7	4.535	2.419
	2−2−3	台4−31	22.1	37.2	4.438	2.480

（2）岩心饱和气，外围接恒压水体。

（3）采用耐高压透明管线串联连接，直观观察不同渗透率层水侵推进过程。

（4）采用不同配产（20mL/min、50mL/min、80mL/min、100mL/min、150mL/min）模拟气井衰竭开采。

（5）实验参数记录：平面不同渗透率储层水侵非均匀推进特征、推进速度、储层压力变化规律、气相渗流能力及残余气赋存特征等。

4. 实验现象

（1）当平面上无高渗带时，边水首先沿高渗层向气井突进。

（2）当平面存在高渗带时，边水易发生低渗带绕流封堵，形成水封气。

（3）配产对水侵影响明显：① 配产增加，水侵前沿推进速度增加，高渗层水侵速度增加更为显著。② 配产对水侵路径影响也比较明显，当实验中配产为 20mL/min 时，边水沿 K=23.6mD、9.34mD、5.37mD 三个方向较均匀推进；当配产达到 150mL/min 时，边水沿 K=23.6mD 的储层单方向突进。

5. 对开发的启发

（1）水侵路径取决于储层渗透率差异的大小和分布，在开发井网部署和射孔层位选择时，不宜过快动用高渗储层，防止边水沿高渗层快速突进，影响气藏均衡开采。

（2）气井配产是影响水侵路径及水侵前沿速度的重要因素，当储层存在较强非均质特征时，过快提高配产易导致非均匀水侵，影响气藏整体开发效果。

三、层间非均匀水侵剖面模拟实验

1. 实验方法

为了模拟气藏衰竭开采过程，研究非均质储层水侵特征及其对储量动用的影响机理，采用涩北气田疏松砂岩不同物性的岩心进行组合，模拟气藏储层非均质特征，并在模型进口端设置水体模拟边水，然后模拟气藏以不同采气速度进行衰竭开采，观察并记录不同采气速度条件下气藏边水水侵特征、储量动用特征等模拟实验装置流程如图 2-98 所示，岩心组合及参数见表 2-38。

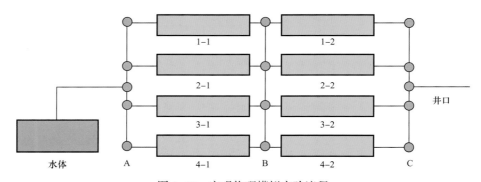

图 2-98　宏观物理模拟实验流程

表 2-38　宏观物理模拟岩心组合及参数

模型组合	水体端（A 端）				井口端（B 端）			
	岩心编号	渗透率（mD）	长度（cm）	直径（cm）	岩心编号	渗透率（mD）	长度（cm）	直径（cm）
一组（串联）	1-1	2.11	5.645	2.386	1-2	1.93	5.495	2.355
二组（串联）	2-1	5.37	5.346	2.394	2-2	5.71	5.394	2.306
三组（串联）	3-1	9.34	4.398	3.693	3-2	10.2	5.625	3.707
四组（串联）	4-1	22.1	4.438	2.480	4-2	24.4	4.535	2.419

2.实验观察

1）水侵特征

根据物理模拟实验，在储层非均质性一定条件下，气水界面推进规律主要受气井配产影响。水侵过程如图 2-99 至图 2-101 所示。在低速（配产 20mL/min）开采时，四组岩心均发生水侵；但水体在 A 端主要沿岩心 4-1、岩心 3-1、岩心 2-1 三组岩心推进并突破后到达 B 端，气水界面推进速度有所差异但相对较小；在 B 端处各组岩心是通过管线相互连通的，因此，水体到达 B 端时首先会沿管线流动而形成绕流，在岩心 1-1 的 B 端侵入岩心，从而在岩心 1-1 中形成封闭气；随着采气速度提高，非均匀水侵越来越严重，当配产达到 150mL/min 时，边水主要在最高渗透率岩心 4-1 和岩心 4-2 中突进，在岩心 3-1、岩心 2-1、岩心 1-1 中均会形成封闭气。

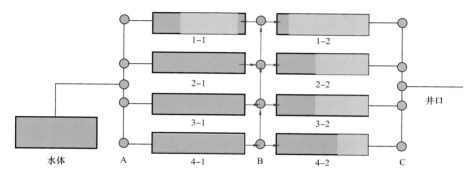

图 2-99 不同配产条件下的水侵特征（配产 20mL/min）

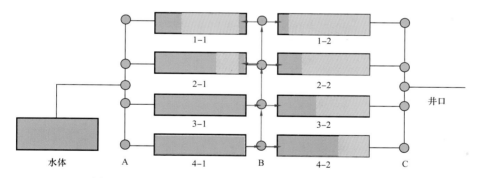

图 2-100 不同配产条件下的水侵特征（配产 80mL/min）

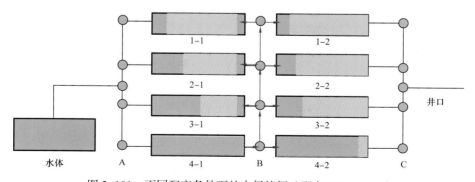

图 2-101 不同配产条件下的水侵特征（配产 150mL/min）

2）封闭气占比

气藏衰竭开采实验结束后，对每组岩心分别打开进行释放，测试岩心内水侵后的封闭气量，从而计算封闭气占比（封闭气与岩心饱和气量之比），结果表明，封闭气主要赋存于低渗疏松砂岩和发生水侵绕流的岩心中，且配产越高则封闭气占比越大，表明非均匀水侵对开采影响越大（表2-39）。

表2-39 不同模型组合封闭气占比

模型组合	不同配产速度下封闭气占比（%）		
	配产 20mL/min	配产 80mL/min	配产 150mL/min
一组	47.0	56.0	76.0
二组	34.0	48.0	58.0
三组	30.0	36.0	45.0
四组	29.0	28.0	26.0
平均	35.0	42.0	51.3

3. 实验认识

（1）采用高压压汞、岩心实验与生产动态资料相结合，系统分析了气田储层岩石微观孔喉结构特征、微观孔喉非均质性、储层宏观非均质性等特征。

（2）系统开展了微观可视化和宏观物理模拟实验，研究了水驱气藏开采特征，认识到非均质性和采气速度是影响水驱气藏非均匀水侵严重程度的主要因素，由于卡断、绕流等作用，水驱气藏发生非均匀水侵后往往会形成大量封闭气，严重影响气藏开采效果；通过缝网改造可以改善储层非均质性，提高水驱气波及效率，通过合理配产可以降低非均匀水侵程度，从而实现降低气藏封闭气占比，提高气藏储量动用程度。

四、隔层封隔能力实验测试

1. 实验目的

涩北气田具有多层特征，储层之间的隔层泥质含量高，富含水。气藏在开采过程中，随着储层压力的下降，储层与泥质非储层之间的压差逐渐增大，当超过隔层内毛细管力的束缚后，隔层中的水便开始突破到储层，成为涩北气田气井出水的主要水源之一。通过该实验可定量分析层窜出水的机理。

2. 实验原理

通常利用泥岩水驱实验，通过测量水驱时端口是否出水来判断泥岩的突破，认为端口出水时对应的驱替压差即为泥岩的突破压力，实验装置如图2-102所示。

本节研究中，采用砂泥岩混层模型（图2-103）来模拟实际层间水窜的发生过程，使测试数据更具有可信度；同时，采用电阻率来识别层间水窜的发生，相对于常规的液体体积计量法，采用电阻率方法具有更高的测量精度。

当泥岩隔层与砂岩储层之间的压差足够大时，泥岩层内的水逐渐突破其最小毛细管力的束缚进入砂岩层。

实验中，在气驱砂层的同时，通过泥岩夹层两侧用计量泵缓慢注入地层水的方式，调整泥岩层的压力，用砂岩、泥岩层之间的压差来模拟实际储层与隔层之间的压差，通过砂岩层饱和度的变化来判断层间是否存在水窜，并以此来分析层间水窜发生的条件，定量分析层窜的动态变化规律。

混层模型中采用压力探针测量砂层内的压力变化，采用电阻率探针测量砂层中含水饱和度的变化。实验时，在泥岩层外注入一定量的水，模拟较大的隔层水体；在砂层的两侧注采，模拟实际采气过程；通过探针测试到的电阻率急剧下降来判别泥岩层的水突破，通过电阻率的变化来定量评价泥岩层的水窜量。

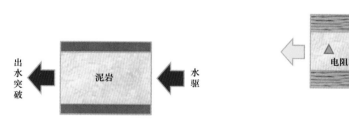

图 2-102 常规突破压力测试原理

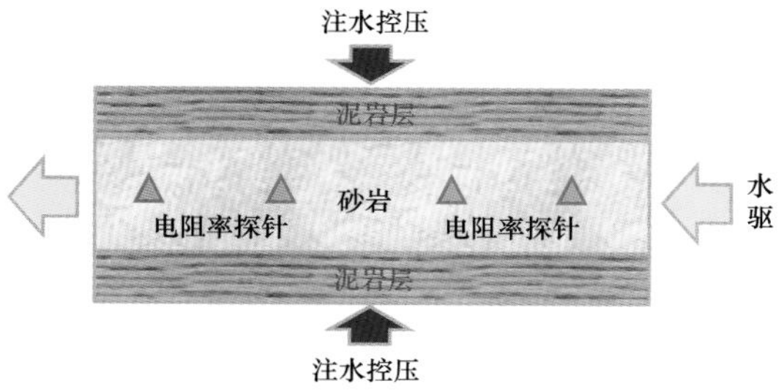

图 2-103 层窜出水测试原理图

3. 实验装置

在混层模型的长方形凹槽中，沿长度方向的两侧填装一定厚度的泥质隔层，中间填装储层岩石。

在凹槽中间分布有四个探针，在实验过程中测量压力和电阻的变化；在两侧的注水口处和产层注水口处分别装有压力探针，用于实验过程中测试压力。

砂泥岩混层模型的主体部分设计如图 2-104 所示。

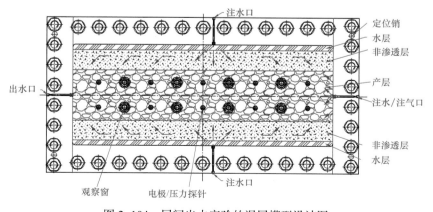

图 2-104 层间出水实验的混层模型设计图

4. 实验步骤

（1）搜集涩北气田储层及泥岩层的岩心，清洗、加工、磨制成符合混层模型装填的形状。

（2）充填模型，采用同类岩石充填凹槽内模型缺失的边角，如图2-105所示。

（3）装配管线、探针，用硅橡胶密封，如图2-106所示。

（4）用计量泵将地层水从平板模型的储层注水口处以恒流速的方式注入，让地层水把凹槽中的气体驱出，直到出口端无气泡，实验装置装配如图2-107所示。

（5）四个电极点测量电阻值恒定后，用氮气驱水。

（6）在泥岩层两侧注水，通过泥岩层与砂层的压力探针来确定层间压差。

（7）记录不同时间的电阻率，并利用阿奇公式折算成含水饱和度，分析含水饱和度、驱替压差、层间压差和出水量之间的关系。

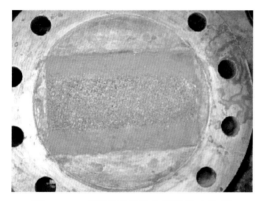

图2-105　混层模型的内部结构实物图

图2-106　混层模型的传感器实物图

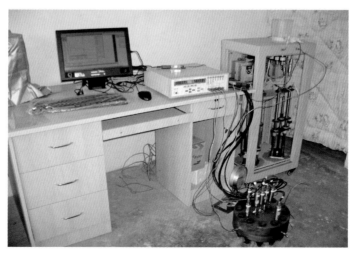

图2-107　混层模型的装配实物图

需要说明的是，电极测量值的变化规律反映了测试点局部参数的变化特征，将各个电极指示曲线之间的差异作为系统误差残值，从而得到渗流场的相关参数整体变化规律。

5. 无层窜驱替

实验时，泥岩层无水源供给，在横向驱替压差下，砂岩层和泥岩层之间无流动，利用砂岩样品中均匀分布的四个探针测量压力和电阻率。

1）压力的变化

分两段施加注气压力，恒定注气量。在0～1h，注气入口端与出口端压力分别为0.1MPa和0.05MPa，压差为0.05MPa，压力探针1测得的压力高于均匀分布的其余三个探针的测压值；在1h末，提高驱替压力，注气入口端与出口端的初始压力分别上升到0.72MPa和0.3MPa，初始驱替压差达到0.42MPa，随后压力下降，逐渐趋于稳定，四个探针测得的压力基本上均匀分布在0.3～0.4MPa之间，压力变化过程如图2-108所示。

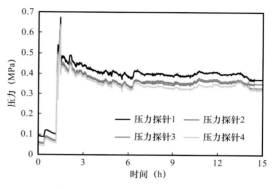

图 2-108　驱替过程中压力的变化

2）含水饱和度的变化

采用电阻率系数表征含水饱和度。随着驱替的进行，砂层内的水被驱出，电阻率逐渐增加（图2-109），由于存在系统测量误差（压力梯度改变了电极系数、孔隙结构不同导致各处剩余含水饱和度不同等），四个均匀分布的电极电阻率变化存在细微的差别。依据阿奇公式，由电阻探针测得的电阻率计算岩石的含水饱和度。随着驱替的进行，含水饱和度逐渐下降，出口端水饱和度下降幅度略高于注气入口端，如图2-110所示，分析是由非活塞驱替引起的测量系统误差。

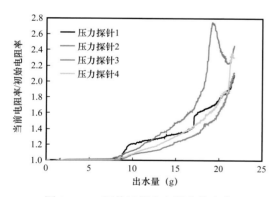

图 2-109　驱替过程中电阻率的变化

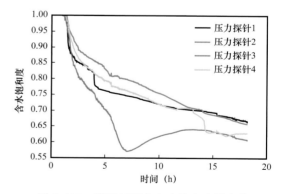

图 2-110　驱替过程中含水饱和度的变化

3）出水量变化

出水量随驱替压差的增加而增加，如图2-111所示，在驱替的第1h内，驱替压差仅0.05MPa，累计出水量增加缓慢；当驱替压差上升到0.42MPa时，出水量急剧增加，第2.5h之后出水量又趋于平缓，直至不再出水，出水速度特征与微观薄片驱替十分类似（图2-112）。无层窜的驱替实验驱出的水主要是层内水，层内水的出水条件是驱替压差大于毛细管力的束缚，出水速度取决于驱替压差和水的相对流动性，累计出水量则取决于低于驱替压差的毛细管力所对应孔隙中的水量。微观上，孔隙结构中存在若干大小级别的孔喉，其控制连通的孔隙空间和空间内的水量也各不相同，每增大一次驱替压差，相应毛细管力束缚的层内水就可部分变为可动水而参与流动。

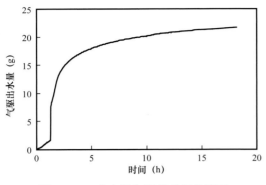

图 2-111　出水量与驱替时间的关系

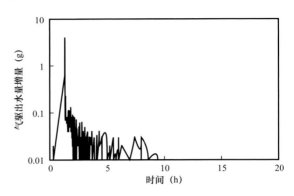

图 2-112　出水增量与驱替时间的关系

4）蒸发脱水

出口端无出水后，继续气驱，可以观察到岩样内部的电阻率继续上升，含水饱和度继续减小。本次实验从第 20h 后就没有计量到任何液态的出水，当驱替 100h 后，干燥剂吸附法测得以水蒸气的方式累计出水 1.78g，通过电阻率折算的岩样含水饱和度从第 20h 的 60% 下降到第 100h 的 34%。同时观察到岩样内的盐结晶，分析认为是由于蒸发提高了地层内束缚水的矿化度，甚至超过了矿物质的溶解度，导致矿物质的结晶析出。这些盐结晶将损害储层的流动能力。

6. 有层窜驱替

1）实验记录

（1）4 月 5 日 0h 开始进行气驱，由于砂岩内的水不断被驱出，在总的趋势上，其含水饱和度不断下降，四个探针测得的电阻率逐渐上升。

（2）4 月 5 日 0～16h，砂层压力与电阻率波动较大，不宜测量。

（3）4 月 5 日 16h～4 月 6 日 2h，该阶段压力和电阻率波动逐渐减弱，由于继续注气，四个测试点的电阻率值继续增大，但增幅较小。

（4）4 月 6 日 2h，开始用计量泵向泥质隔层注水，注入压力与砂岩层的起始压差为 0.24MPa。

（5）4 月 6 日 10h，电阻值仍然继续增大，表明泥岩层水未进入砂层。

（6）4 月 6 日 10h，将注入压差增高到 0.43MPa。

（7）4 月 6 日 12h，砂层电阻开始下降，本样品实验测得的突破压力为 0.43MPa。

测试过程中电阻率变化如图 2-113 所示，折算成含水饱和度如图 2-114 所示。

2）实验结果分析

本次实验岩样的泥岩层厚度均为 20cm，泥质含量为 52%，测试了另外两块泥岩层样品的突破压力，泥质含量为 63% 的对应突破压力为 0.76MPa，泥质含量为 81% 时对应突破压力为 1.23MPa。

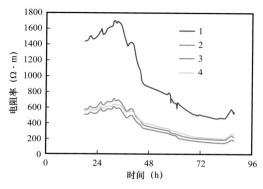

图 2-113 测试过程中电阻率的变化

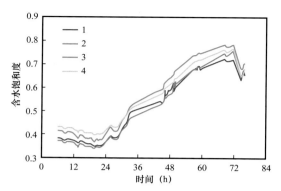

图 2-114 测试过程中含水饱和度的变化

突破压力随泥质含量的增加而增加（图 2-115）。涩北气田的泥岩隔层泥质含量为 50%～70%，根据本节实验的结果，对层间的封隔压差为 0.36～0.95MPa。

以上实验结果是在 20cm 厚泥岩层的基础上得到的，其实质是 20cm 厚泥岩层发生层内流动的最小压力梯度。由于层间窜流属于平面线性流，压力梯度与直线距离呈正比，因此可以根据距离计算不同位置发生流动的临界条件。

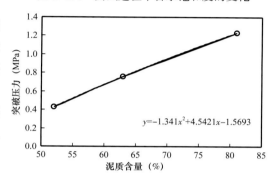

$y=-1.341x^2+4.5421x-1.5693$

图 2-115 层窜突破压力与泥质含量的关系

根据实验结果，计算了不同隔层厚度、不同隔层泥质含量的封隔能力，以层间临界流动压差表征（表 2-40）。

表 2-40 泥质隔夹层的封隔能力（临界流动压差）计算表

泥质含量（%）	不同隔层厚度下的临界流动压差（MPa）								
	0.5m	1.0m	2.0m	3.0m	4.0m	5.0m	10.0m	20.0m	30.0m
40	0.08	0.16	0.33	0.49	0.66	0.82	1.65	3.30	4.95
50	0.92	1.83	3.67	5.50	7.33	9.16	18.33	36.65	54.98
60	1.68	3.37	6.73	10.10	13.46	16.83	33.66	67.32	100.98
70	2.38	4.77	9.53	14.30	19.06	23.83	47.65	95.31	142.96
80	3.02	6.03	12.06	18.09	24.12	30.15	60.31	120.61	180.92

（1）隔层层内水的水窜分析。

对于泥质隔夹层的层内原生可动水和次生可动水，其进入产层的临界条件是其所在位置到产层的压力梯度达到临界压力梯度。纵向上，压力由产层向隔层内传播，生产早期和近井地带，靠近产层的隔层内纵向压力梯度较大，出水潜力较大，之后压力波逐渐向隔层内传播，在生产压差恒定的前提下，隔层内压力梯度逐渐变缓，出水变慢。

例如，对于泥质含量为 70% 的隔夹层，隔层内离产层距离 20cm 处的可动水发生流动的临界条件是该处到产层的压差达到 0.95MPa；若距离为 40cm，则临界流动压差为 1.90MPa。气井投产后，将在产层内造成压力扰动，形成产层和隔层之间的层间压差，对应某一时间，大于临界压力梯度空间范围内的可动水都将进入产层。随着压力扰动范围的扩大，压力梯度变平缓，逐渐低于临界压差，隔层内的层内可动水水窜停止。

（2）水层水的水窜分析。

对于水层水，其突破泥质隔层并进入产层的临界条件是水层到产层的压力梯度超过整个隔层的临界压力梯度。

涩北气田的层间隔层十分发育，但不同小层间隔层厚度存在明显的差异。隔层纯泥质岩较少，大多含有或多或少的粉砂，泥质含量为 50%～70%，具有较高的孔隙度和一定的渗透率。统计显示，涩北气田的隔层厚度为 0.9～36.1m，主要厚度分布区间为 1～13m，占统计隔层总数的 89.2%，其中，厚度为 3～9m 的隔层占统计隔层总数的 56.6%。

气层组间的最小泥岩隔层厚度为 10m，按照 50% 的泥质含量，根据实验结果，计算封隔能力为 18.33MPa（表 2-40）。涩北气田的原始地层压力不超过该数值，因此在整个开发过程中，气层组间是不会发生层间突破的。

气层组的组内层间隔层厚度最小为 3m，按照 50% 的泥质含量，根据实验结果，计算封隔能力为 5.50MPa（表 2-40）。进入开发中后期，气层的纵向压力非均衡程度增大，投产与未投产层、低采气速度层与高采气速度层的层间压差很容易超过 5.50MPa，小层间的窜流将普遍发生。

气层组组内砂体间的隔层厚度一般在 0.5～1m 之间，如隔层泥质含量为 50%，根据实验结果，计算的封隔能力为 0.92～1.83MPa；如泥质含量为 40%，则层间突破压力仅有 0.08～0.16MPa（表 2-40），这样小的压差很容易达到。

因此，在涩北气田防治层间水窜，其技术关键：一是要合理划分开发层系，不同开发单元的隔层厚度（建议超过 2m）及隔层的泥质含量一定要超过最小突破压差，确保所划分的单元间不易发生层窜；二是要注重层间均衡开采，确保纵向上的压力均衡程度较高，避免出现较大的纵向层间压差。

（3）层窜水分析。

实际开采过程中的层窜包括几个方面：

① 储层内部产层与产层之间的窜流将导致层间压力干扰，其前提条件是突破泥岩隔层的最小毛细管束缚力或沟通隔层内的最大毛细管。由于泥质隔层内部的流体主要是水，本节实验测得的泥岩层水突破压力即为层间窜流的最基本前提条件。通过纵向上的均衡配产，合理调整各层采气速度，确保产层之间压差不超过突破压力。

② 产层与纯水层之间的窜流将导致产层水淹，降低气藏整体采收率。涩北气田的储层内部存在多个单独的水层，中后期水层的压力必然高于纵向上的上下产层，当压差超过突破压力就会发生水层平面上的水窜。解决的途径有两条：一是选择部分低效且高出水的井射开纯水层采水，以降低水层压力；二是纵向上远离纯水层射孔，如果某气层与纯水层邻近且之间的泥质隔层封隔性不是很好，若该气层的储量小、物性差，在划分开发层组时就要提前将该小层作为后备产层而先期不动用，以确保主力气层无储层内部的水窜，如果

该储层已经动用，则应加强该小层的生产管理，降低该小层的采气强度，延缓层窜。

③ 隔层内的可动水向邻近产层的层窜，由于泥质隔层不射孔开采，其与相邻已投产产层之间的压差随着生产的继续不断增加，并且迟早要超过隔层的突破压力而进入相邻产层。不过，隔层内的可动水总体数量上就很少，前面理论计算表明，隔层内的可动水突破不会影响相邻产层的生产动态。

④ 生产井管外水窜是涩北气田气井生产的最大威胁。由于涩北气田岩性疏松，易受力变形而导致固井质量的恶化，如果正好发生在水层，将导致气井见水的急剧上升；或者由于岩性固结程度差易发生破坏出砂，而近井正好是应力变化集中的区域，砂的脱落和运移为层窜提供了通道。对于生产井的管外水窜，治理的办法是加强固井质量的监控，同时采用先进而有效的固井和管外堵水策略。

五、基于实验认识的气藏水侵分析

1.涩北气田水侵规律

尽管涩北气田四面环水，但由于水相流动阻力大，地层能量弱，生产压差制造的地层压力梯度有限，不足以推动边水深入气藏内部，因此边水向气藏内部的大范围入侵流动并不显著。涩北气田储层岩石弱胶结，不存在大型构造裂缝和溶蚀缝，但局部高渗带和采气强度较大的区域会由于边水的冲蚀作用破坏岩石骨架结构，形成水侵溶蚀型高渗条带。物模实验表明，涩北气田储层内的先天高渗通道及后天水侵冲蚀型裂缝是涩北气田开发中后期气井见水的主要水源。

另外，地层非均质性导致成藏后充气不足，形成了大量具有较大差异的初始地层含水饱和度，这些层内可动水在一定压差下易在砂体内部发生垂向流动，导致含气范围内大范围出水。由于层间接触面积大，小层厚度薄，地层水运移距离短，所以这种层间水先层窜再沿层内高渗带流动至气井的现象十分普遍，成为开发中后期边水水侵特征井井数增加的主要原因。

2.平面差异水侵过程图版

物模实验研究表明，物性的非均质程度是导致边水水侵出现差异的主要原因，即部分中高部位气井提前见边水，而相邻区域并未表现出显著边水驱动特征。参照涩北气田的典型物性特征，利用数值模拟方法计算不同物性差异对边水平面驱动规律的影响特征。

基础参数如下：边水到生产井排距离为500m，生产压差2MPa，基础渗透率为15mD，假设边水到生产井排之间存在高渗带。模拟高渗带与储层基础渗透率之比分别为1.0、1.5、2.0、2.5、3.0、3.5、4.5、5.0、7.5时，地层内部和高渗带内部边水推进过程的差异，并绘制图版。根据实际气井井排的出水规律差异，参照图版，可以大致估算存在优势水侵带的出水气井与普通出水气井地层物性的差异程度。

1）高低渗区边水推进距离及水侵速度

当不存在渗透率级差及渗透率级差分别为1.5、2.0、2.5、3.0、3.5、4.5、5.0、7.5时，高低渗区在不同时间的水线推进距离及水线前进速度的规律差异显著（图2-116）。

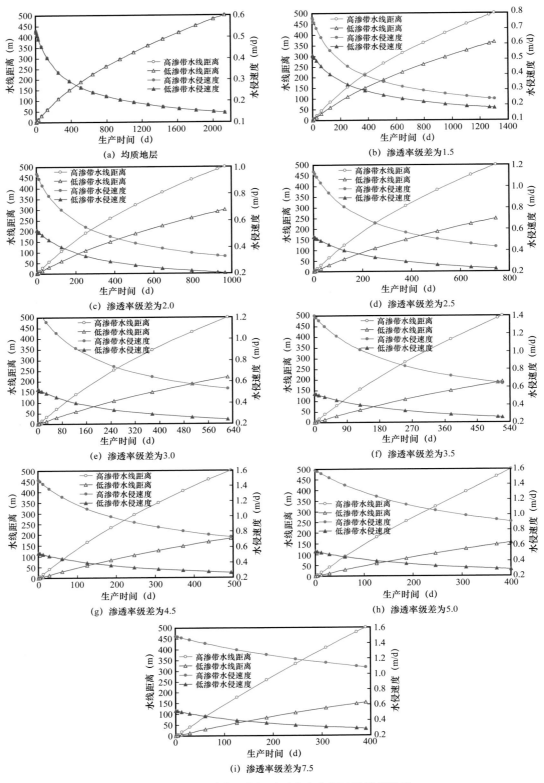

图 2-116 不同渗透率级差时边水水侵过程模拟结果

随着生产时间的延续，水侵距离越来越远，但水侵速度持续降低，渗透率级差越大，高低渗区水线推进速度差异及水线距离差异越大。以边水沿高渗带进入气井为模拟结束时间，渗透率级差越大，说明高渗带物性越好，气井见水时间越早。截至生产井见边水时，高低渗区的水侵速度差异逐渐减小，但水线距离差异逐渐增大，这一特征与物模实验结果一致。

2）渗透率级差对水侵规律的影响

渗透率级差越大，随着生产时间的延续，高渗带水线推进距离相对低渗带的差异越显著，同时其见水时间也越早。但渗透率级差对见水时水线距离差异的增幅是逐渐减小的，模拟计算表明，当渗透率级差大于5.0时，见水时高低渗区的水线距离差异将不再增大。

水侵速度逐渐降低的渗流机理是：水侵带具有更低的流度，将消耗更多的驱动压力梯度，在注采压差一定的前提条件下，导致水驱前沿局部驱动压力梯度减小，水侵带越长，这种现象越显著，导致水侵前缘推进速度越低。

算例中以固定低渗带渗透率作为对比计算条件，渗透率级差越大，表示高渗带渗透率越高，所以其初始水侵速度和见水时水侵速度也越高（图2-117至图2-120）。

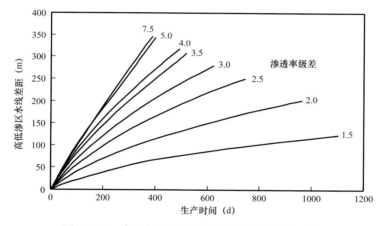

图 2-117　渗透率级差对水线推进差异的影响对比

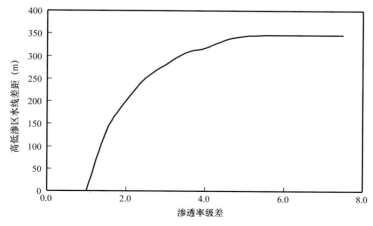

图 2-118　渗透率级差对见水时低渗区水线滞后距离的影响

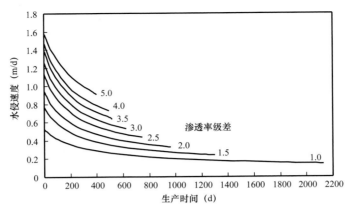

图 2-119　高渗带水侵速度随生产时间变化规律

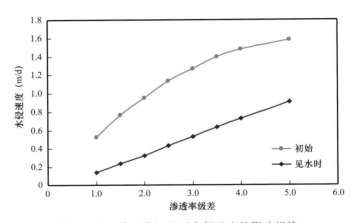

图 2-120　渗透率级差对水侵速度的影响规律

　　储层岩石亲水，侵入水首先占据小孔道，渗透率越高的地层，大、中孔道比例越多，表现在相对渗透率曲线上，低渗储层岩石的水相相对渗透率曲线随含水饱和度的增幅高于相对高渗的储层岩石，对于宏观水驱特征而言，高渗层的含水对地层总流度的影响程度较低，所以其水侵速度的降幅越低（图 2-121）。

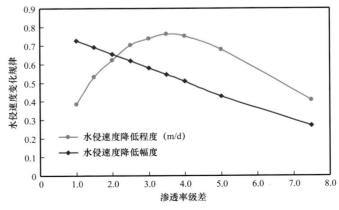

图 2-121　渗透率级差对水侵速度变化的影响规律

水侵速度的绝对值降低程度取决于渗流机理（降幅越来越小）和水侵速度的基础值（越来越大），综合效果表现为水侵速度的降低程度呈现出一个存在最大值的凸形曲线，在渗透率级差 2.5～5 之间，高低渗区的水侵速度差距最大（图 2-120）。

3. 气井出水量测算

对于层内出水，气井出水量的主控因素是出水层有效厚度和地层的水相有效渗透率，对于边水水侵，气井出水量的主控因素是水侵方向的渗透率、水侵方向的出水面积及水侵层地层有效厚度。

1）层内水出水量估算

按照涩北气田的储层平均物性参数范围，对于层内水，多层合采的出水层有效厚度为 0.1～20m，地层绝对渗透率为 10～50mD，地层水相相对渗透率为 0.3，生产压差为 2MPa，地层水黏度为 1mPa·s（表 2-41）。

表 2-41　层内出水量测算表

渗透率（mD）	不同出水层有效厚度下的出水量（m³/d）													
	0.1m	0.2m	0.5m	1.0m	2.0m	4.0m	6.0m	8.0m	10.0m	12.0m	14.0m	16.0m	18.0m	20.0m
10	0	0.1	0.2	0.4	0.8	1.6	2.4	3.1	3.9	4.7	5.5	6.3	7.1	7.9
20	0.1	0.2	0.4	0.8	1.6	3.1	4.7	6.3	7.9	9.4	11.0	12.6	14.1	15.7
30	0.1	0.2	0.6	1.2	2.4	4.7	7.1	9.4	11.8	14.1	16.5	18.8	21.2	23.6
40	0.2	0.3	0.8	1.6	3.1	6.3	9.4	12.6	15.7	18.8	22.0	25.1	28.3	31.4
50	0.2	0.4	1.0	2.0	3.9	7.9	11.8	15.7	19.6	23.6	27.5	31.4	35.3	39.3

2）边水出水量估算

按照涩北气田的储层平均物性参数范围，对于边水水侵，单层水侵的出水层有效厚度为 0.1～10m，具有冲蚀型优势通道的地层渗透率为 50～300mD，地层水相相对渗透率为 0.3，生产压差为 2MPa，地层水黏度为 1mPa·s（表 2-42）。

表 2-42　边水水侵出水量测算表

渗透率（mD）	不同出水层有效厚度下的出水量（m³/d）													
	0.1m	0.2m	0.3m	0.5m	1.0m	2.0m	3.0m	4.0m	5.0m	6.0m	7.0m	8.0m	9.0m	10.0m
50	0.1	0.1	0.2	0.3	0.7	1.3	2.0	2.6	3.3	3.9	4.6	5.2	5.9	6.5
100	0.1	0.3	0.4	0.7	1.3	2.6	3.9	5.2	6.5	7.9	9.2	10.5	11.8	13.1
150	0.2	0.4	0.6	1.0	2.0	3.9	5.9	7.9	9.8	11.8	13.7	15.7	17.7	19.6
200	0.3	0.5	0.8	1.3	2.6	5.2	7.9	10.5	13.1	15.7	18.3	20.9	23.6	26.2
250	0.3	0.7	1.0	1.6	3.3	6.5	9.8	13.1	16.4	19.6	22.9	26.2	29.4	32.7
300	0.4	0.8	1.2	2.0	3.9	7.9	11.8	15.7	19.6	23.6	27.5	31.4	35.3	39.3

在不具备大型裂缝系统的砂岩储层中，高低渗区的渗透率级差不会超过10，通常在2～5之间，加上边水水侵是在水侵层内沿着一定方位角进入气井控制范围，并不像层内水那样多层全方位同时被产出，所以在涩北气田储层参数条件下，边水水侵的气井出水量与层内水出水量在开采中后期并不会有数量级的差异。

边水水侵具有能量补充的特点，表现为保持一定的井底压力，如果不具备这一特征，尽管日出水量可能超过20m³，也有可能不是边水而是层内水。

参 考 文 献

陈汾君，杨云，常琳，等.2018.多层疏松砂岩气藏中后期气井出水判断方法［C］.全国天然气学术年会论文集，福州.

陈啸博.2015.多层疏松砂岩气藏出水机理及治水策略研究［D］.成都：西南石油大学.

董利飞，张德鑫.2018.微观非均质储层注水开发室内模拟及监测方法［J］.科学技术与工程，18（29）：190-194.

冯洋.2018.多孔介质中气驱油渗流特征的微观可视化研究［D］.成都：西南石油大学.

李泓涟.2014.多层疏松砂岩边水气藏水侵动态研究［D］.成都：西安石油大学.

连运晓，顾端阳，毛凤华.2014.疏松砂岩气藏产能影响因素分析［J］.青海石油，32（04）：52-57.

连运晓，顾端阳，张勇年，等.2019.多层疏松砂岩气藏开发关键技术［J］.化学工程与装备，（05）：130-131.

吕金龙，卢祥国，王威，等.2019.致密砂岩孔隙中气水分布规律可视化实验［J］.特种油气藏，26（04）：136-141.

桑顿.2018.普光气田水侵过程中气水互驱两相渗流机理研究［D］.成都：西南石油大学.

石放放.2017.基于可视化的剩余油分析方法研究及应用［D］.合肥：合肥工业大学.

宋刚祥.2019.水侵识别技术在水驱气田的应用［J］.特种油气藏，26（06）：74-77.

吴锐.2018.弱胶结疏松砂岩储层变形破坏机理研究［D］.北京：中国石油大学（北京）.

谢一婷，陈朝晖.2013.疏松砂岩气藏渗透率敏感性实验研究［J］.断块油气田，20（04）：488-491.

杨福见，胡大伟，田振保，等.2020.高静水压力压实作用下疏松砂岩渗透特性演化及其机制［J］.岩土力学，（1）：67-77.

杨云，顾端阳，连运晓，等.2019.多层疏松砂岩气藏水平井出水机理及防控对策——以柴达木盆地台南气田为例［J］.天然气工业，39（05）：85-92.

周文胜，熊钰，徐宏光，等.2015.疏松砂岩再压实作用下的物性及渗流特性［J］.石油钻探技术，（04）：118-123.

第三章　气藏数值模拟研究

经过近 70 年的发展，数值模拟技术越来越成熟，形成了 ECLIPSE、PETREL RE、Nexus、CMG 等一系列商业化的数值模拟软件。数值模拟作为油气田开发早期方案编制及中后期挖潜调整的一项重要技术，弥补了气藏工程理论仅利用动态资料进行分析、不能精确描述在时间和空间上参数变化的不足，可将油气藏数字化，更生动直观地分析各类复杂油气藏的开发生产动态，助力全面、科学地制定开发技术政策。

第一节　数值模拟技术发展

数值模拟研究的基本目的是以油气藏地下流体分布和能量分布为基础，预测未来开发动态，找到提高最终采收率的方法和途径。油气藏岩石的非均质性和不同油田开发方式的非统一性，使地下流体分布和能量分布既是空间上的函数又是时间上的函数，经典的油气藏工程方法是以石油地质学、渗流力学、油层物理学及物理化学等相关学科为理论基础，对油气藏进行深入研究，从而达到高效开发油气资源的目的，但从研究方法来看，该技术在总体平均基础上不能精确地说明时间、空间上的油气藏变量和流体参数。基于油气藏静态描述的复杂性、流体和岩石相互作用的复杂性、油气藏开发动态描述的复杂性等一系列技术难题，通过运用求解某一物理过程的数学方程组来研究该物理过程变化规律的数学模拟方法，逐步运用到油气藏开发的科学研究中来，用计算机进行油气藏模拟是允许将油气藏分成多块甚至上千块，在每一块应用多孔介质基本流动方程，模拟地下油气水流动情况，给出不同时刻地下油气水分布，预测油气藏生产动态和复杂的开发过程，对油气藏进行更详细的研究。

一、数值模拟技术发展历程

自 20 世纪 50 年代早期以来，伴随着计算机硬件和软件技术飞速发展，数值模拟技术不断进步，现在可以建立模型来模拟较复杂的油气藏开采过程。具体地，数值模拟技术是以达西渗流理论为基础，通过质量守恒和能量守恒方程建立描述油气藏流体质量传递和能量传递的微分方程组，然后将数学模型通过差分转化成动态参量分布关系的方程组，进而建立计算机模型，将数值模型的计算程序化，最后利用计算机模型研究和解决具体的油气田开发问题。数值模拟技术能成功地将油气藏数字化，更为生动直观地将油气藏开发动态展示出来，例如，利用数值模拟方法对气藏剩余气分布规律进行研究时，它可以将气层中的含气饱和度变化分别从空间和时间的角度定量展现出来，如果历史拟合效果较好，可以得到较准确的气藏剩余气饱和度分布场，从而可以将剩余气在三维空间的分布规律研究工作实现精确化。此外，数值模拟技术在对油气藏直观认识的基础上，对制定合理的开发方案、优化油气田开发参数、指导气田科学发展，以及提高气田最终采收率和经济效益做出极大的贡献。近年来，由于应用数学、计算方法和大型计算机技术的发展，使数值模拟技术的发展和完善得到更大的进步。

数值模拟技术以 Bruce 等于 1953 年公开发表"孔隙介质中不稳定气体渗流计算"为标志，开启了油气田开发领域漫长的研究和探索过程。Bruce 和 Peaceman 在求解地下流体渗流问题时首次使用了数值的方法，模拟了一维气相不稳定径向和线性流（Pedrosa 和 Aziz，1986）。1955 年，Peaceman 和 Rachford 研发的交替隐式解法将复杂的多维问题简化为一维问题，通过在两个方向上交替应用隐式和显式差分格式，同时保证了速度及稳定性，使其迅速得到广泛应用（Ding 和 Lemonnier，1995）。1959 年，Douglas 首次进行了两维两相数值模拟研究，并且综合考虑了密度、黏度、相对渗透率、毛细管力及重力等众多因素的影响，标志着现代数值模拟技术的开始（Gunasekera 等，1997）。20 世纪 60 年代，油气水三相和三组分的黑油模型得到研究和发展；70 年代，油气藏数值模拟技术发展到考虑质量守恒和能量守恒方程的蒸汽驱和火烧油层等热采模型的建立和数值模拟；70 年代末，又发展了考虑质量守恒和相态，同时包含油气水三相和多组分的组分模型，考虑质量守恒和化学成分之间的化学反应，以及包含油气水三相和各种化学物质组分的化学驱模型；80 年代，数值模拟开启了从简单的工业化应用逐步向综合性多功能模型发展；90 年代，数值模拟技术又开始向工作站方向发展。随着对油气田开发技术要求的不断提高，针对不同类型的油气藏、开发方式及增产措施的差别等，需要建立不同的油气藏数学模型提高模拟精度。如今，数值模拟经历近 70 年的发展和不断完善，不同类型的数值模型已经发展得各成体系并相对完善（Anderson 等，2004；Gao 等，2008；Kure 等，2010）。

与此同时，数值模拟软件也伴随技术进步快速发展并日趋成熟，如美国斯伦贝谢公司的 ECLIPSE 系列数值模拟软件和 PETREL RE 勘探开发一体化平台、Landmark 公司的 Nexus 数模系统和加拿大计算机模拟软件集团的 CMG Suite 系列数值模拟软件等。这些数值模拟软件在不同类型油气藏的模拟过程中各具优势，在油田开发科研生产过程中，可根据地质发育情况、油气藏类型和生产动态等实际因素考虑选择不同的数值模拟器。

在数值模拟技术发展的起步阶段，所有模拟器都是基于矩形网格或用于模拟近井流动的径向网格。应用局部网格加密技术改进了数值模拟软件中井的处理技术，使其对生产井产量的预测比以往的方法更好。使用角点网格，突破矩形网格在模拟断层时只能以台阶形式顺着网格走的局限性，大大地提高了模拟精度，使其对模型中井的特征有了更好的描述。PEBI 网格可以使网格任意弯曲以模拟复杂的地质现象，比角点网格效率和精确性都更高，更适合近井和复杂地质条件建模，能最大限度地接近油气藏实际，可以使网格对各向异性、非均质性强的油气藏进行精确的建模。

流体模型最初的模拟器都是基于黑油模型，传统的黑油模型没有考虑油组分从气相中析出，因此不能模拟凝析气藏。对传统的黑油模型进行改进，引入挥发油气比，可以实现凝析气藏的模拟，如果初始气油比和油气比设置正确，改进的黑油模型能够代替组分模型实现凝析气藏的衰竭开发。组分模型刚推出时很不稳定，一直到体积平衡方程的提出才解决了组分模型不稳定的问题，使组分模型可以广为应用。聚合物理模拟型、热采模型、裂缝模型、三元复合驱模型等也得到了进一步的发展和完善。

数值求解方法的进步极大地推动了数值模拟技术的发展。在数值模拟发展初期，应用最广泛的是直接求解器。但是随着描述问题的规模越来越大和复杂性越来越强，直接求解器逐渐被迭代求解器取代。使用的方法收敛速度对迭代参数和矩阵对称性不敏感是一个稳定有效的迭代方法。使用预处理共轭度法，克服了数值模拟中由于局部网格加密、混合网格嵌套、大断层大裂缝处理、死节点处理等产生的不规则系数矩阵的求解问题，加速数值解的收敛性。数值解法的另一个重大发展是自适应隐式和全隐式方法。利用全隐式方法对所有方程系数进行了隐式处理，能够解决强非线性渗流问题，稳定性好，隐式程度高，适应范围更加宽广。为了解决方程隐式程度高低和计算量大小之间的矛盾，利用自适应隐式方法对不同的网格节点和不同的时间步采用不同的隐式程度来处理，在具有同样稳定性的前提下减小了计算量，加快了计算速度。

二、国内数值模拟技术发展

我国的数值模拟技术起步较晚，但发展迅速，研究领域涉及机理模型、各种网格处理方法及各种新求解方法的应用等。袁士义等（2005）研究了水驱过程中的渗吸采油机量，建立了将裂缝变形与基质渗吸作用集为一体的变形双重介质油气藏数值模拟模型，对青西低渗透裂缝性油气藏多方案开发指标进行了预测，给出了该油气藏优化的开发方案。董平川等（2007）为使模拟计算更加接近实际情况，将油水井作为油气藏的内边界处理，实现了各向异性油气藏渗流的有限元数值模拟。李勇等（2008）建立了碳酸盐岩三重介质油气藏的渗流模型，模型中产量项考虑了只有裂缝向井底供液和溶洞、裂缝同时向井底供液两种情况，给出了溶洞、裂缝和基岩间窜流量的计算方法，编写了三重介质数值模拟软件。杨军征（2011）根据有限元单元计算叠加原理，提出了计算有限体积过程中控制体积内流量的方法，在有限元平台上开发结合有限元和有限体积的数值模拟器，减少了计算量和降低了编程的难度，提高了数值模拟的效率。

20世纪80年代初，我国开始引进国外数值模拟软件，才开始对该项技术的研究和发展；80年代末期，数值模拟技术的发展和软件的研制得到国家和石油科研人员的高度重视，并被列为国家"七五"攻关项目；90年代中后期，我国先后成立了数值模拟软件研究中心，开始发展我国自主研发的油气藏数值模拟软件，经过多年的摸索式研究，目前我国已具备了一批国内外先进软件，并且具备了研制数值模拟软件的各种新方法，如全隐式、自适应隐式、隐式井底压力、预处理共轭梯度法、前后处理、动态存储分配、多模型一体化等，另外我国已研发出PRIS和CRS等具有独立知识产权的数模软件。虽然我国的软件模拟技术取得了这些进展，但是与国外先进的技术相比仍有很大的差距，目前一些大型项目还需要依赖国外的软件才可以完成。国产的数值模拟软件要想赶上国外的先进水准，还需要在资金和人才上增加投入。

三、数值模拟技术发展趋势

近年来，伴随着水平井技术、水力压裂增产措施的发展和进步，数值模拟技术也逐步在该技术领域得以发展。甚至有学者为深化研究驱油机理，正将数值模拟技术向微观领域拓展。同时，由于目前勘探和开发的软件逐步向一体化发展，勘探和开发人员跨领域合作以便获得模拟工程上更加真实的地质模型。数值模拟不仅可以对油气藏进行模拟，也将可以对井筒、管网、地面设备、油气处理厂等进行一体化模拟，优化油田管理。自动历史拟合是数值模拟发展的必然趋势，数值模拟反问题就是应用动态数据拟合反演静态参数，而对动态数据历史拟合是数值模拟中最重要也最费时的工作，基本上占数值模拟工作 2/3 左右的时间，因此，自动历史拟合可以使数值模拟工作事半功倍，提高工作效率。精细模拟是今后模拟工作发展方向，细网格模拟对研究大型复杂气田、非均质性影响及预测剩余气分布是非常有效的，它不仅能够改进历史拟合结果，而且可以提高模型的预测精度。

第二节　多层气藏数值模拟方法

涩北气田含气层数多、水源类型多样，各层具有独立的气水界面，储层非均质性强，各层采出程度存在差异，造成边水非均匀推进。针对涩北气田特殊的地质特征，数值模拟方法与常规的数值模拟方法也有所不同，形成了独具特色的"平衡初始参数场、分区设置相对渗透率曲线、精细计算气水过渡带、局部调整高渗带、合理控制生产压差"的精细建模、精确数模的方法。

一、三维精细地质建模

地质模型是指能定量表征地下地质特征和各种油气藏参数三维空间分布的数据体。该模型不但要求忠实于控制点的实测数据，而且还要对井间数据作一定精度的内插和外推。

三维建模方法主要指井间参数的预测和插值，目前主要包括确定性建模和随机建模两大方法。通常所用的线性插值、距离平方反比加权平均、克里金方法、地震储层预测等都属于确定性建模方法。这类方法的特点是输入一组参数只能输出一个结果，除了克里金以外，不能反映不同成因类型的储层特点，其预测精度取决于已知数据点的多少。克里金方法可以体现不同成因类型砂体的变差函数特征。随机建模是指以已知的信息为基础，以随机函数为理论，应用随机模拟的方法，产生多个可选的、等概率的、高精度的油气藏地质模型的方法。其中可选是指所建成的多个模型，每个模型都是对原始数据的反映，即一定范围内的多种可能实现，为选择更加适合地质体真实的模型提供了大量等概率、忠实于原始数据的模型（在所有可能的模型中，肯定存在一个准确反映地质情况的模型），以满足油气田开发决策在一定风险范围内的正确性。等概率是指模拟参数的统计特征与现有样品的统计特征或参数的理论分布是一致的。高精度是指所建成的模型能够反映参数的细微变化，各个实现之间的差别则是储层不确定性的直接反映。如果各实现之间差别较大，则说明不确定性大；如果所有实现都相同或相差很小，说明模型中的不确定性因素较少。

1. 构造模型

1）纵向网格细化

在建模过程中，网格形态、大小及方向会对相模型及属性模型产生影响，甚至对后期的数值模拟也会产生一定的影响，因而合理的网格设计非常重要。进行网格设计时，应该遵循如下原则：（1）设计网格大小时，由于受计算机运算能力限制，所以网格不能划分过密，但是为了保证建模的精度，网格设计也不宜过疏。因此，必须根据实井网密度及科研要求来合理设计网格的大小。（2）设计网格方向应充分考虑沉积物源方向，沿该方向设计网格会对数据分析及变差函数的估计更加有利。（3）设计网格方向还应该充分考虑开发井网的部署情况，沿井排方向设计会有利于数值模拟的计算。

涩北气田埋藏深度在 2000m 以内，含气井段超过 1000m，含气小层达 50 层以上，属于典型的多层气田。气层、隔层都很薄，且分布稳定。涩北一号气田各小层间平均隔层厚度为 1.8～18.1m。其中厚度 5～10m 的隔层有 46 层，占总层数的 49.5%；厚度大于 10m 的隔层有 12 层，占总层数的 12.9%；厚度大于 5m 的隔层共有 58 层，占总数的 62.4%（图 3-1），在气田各气层间能起到良好的遮挡作用。以往受限于数值模拟器数值求解方法、并行计算处理计算、运算收敛性控制等因素，模型网格增加、考虑因素增多后，模拟时间几何级数增长，传统方法模拟计算时间可能长达数月，难以承受，预期出成果的时间及结果可靠性难以预测，常规数值模拟研究通常采用粗化地质模型的方法进行简化处理。但是，对于开发进入中后期、大量采用水平井开发的强非均质、出水量大的涩北气田，其气水运动规律、剩余气储量分布特征复杂、数值模拟常规应用模式适应性差。因此，为了更精确地研究砂体平面、纵向的水侵规律，找到剩余气富集区进行规模建产，纵向网格细化到小层是远远不够的，必须表征到单砂体的级别，对单砂体和隔层的构造特征、物性特征进行精细描述。

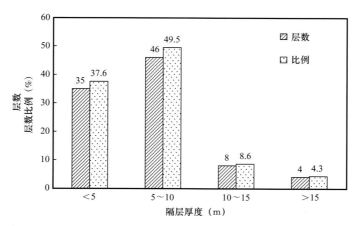

图 3-1　涩北一号气田隔层分布频率图

2）平面上要重视气水过渡带描述

涩北气田气水分布主要受构造控制，在同沉积背斜中，天然气主要分布在背斜构造的高部位，边部被水体环绕，形成典型的层状边水气藏。根据沉积韵律，纵向上的含气层段可以清楚地划分为多个含气小层，各含气小层又可细分为不同的含气砂体，每个砂体均有

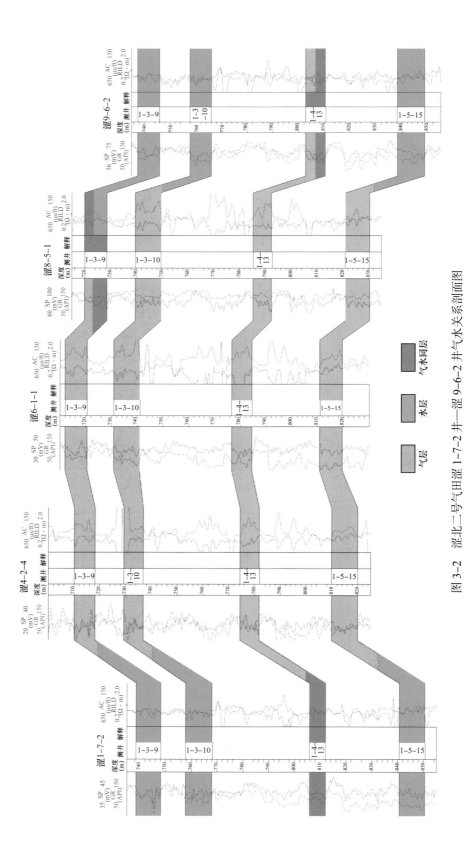

图 3-2　涩北二号气田涩 1-7-2 井—涩 9-6-2 井气水关系剖面图

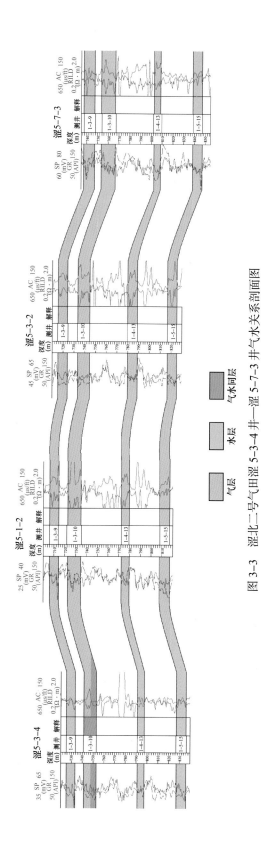

图 3-3　涩北二号气田涩 5-3-4 井—涩 5-7-3 井气水关系剖面图

独立的气水界面，如图 3-2 和图 3-3 所示。虽然气田构造形态完整，圈闭受构造控制且储层连片分布，由于各砂体的非均质性差异、天然气充满程度差异、驱动能量及边界条件的差异，致使气水边界和含气面积存在较大差别。气藏含气边界一般为不规则状，含气边界不完全受构造圈闭等深线控制。由于构造幅度低、地层倾角小，含气外边界和含气内边界之间会形成较宽的气水过渡带。气水过渡带的宽度、物性与边水的水侵速度和水侵程度直接相关，因此对气水过渡带精确表征是非常必要的。

根据地质认识和测井解释结果，绘制每个砂体的含气面积图（图 3-4 至图 3-6），例如，涩北二号气田 3-3-6a 砂体内边界含气面积 54.3km^2，外边界含气面积 59.2km^2；3-3-6b 砂体内边界含气面积 43.7km^2，外边界含气面积 50.2km^2；3-3-6c 砂体内边界含气面积 41.2km^2，外边界含气面积 46.9km^2。根据绘制的含气面积图，进行建模软件的数字化。含气面积外边界之外网格含水饱和度设置为 1，含气面积内边界之内网格含气饱和度按照测井解释结果赋值。

3）构造模型复查

三维构造模型采用确定性建模方法。具体来说，就是以砂组顶面构造图为依据，建立砂层组构造框架。以砂层顶面构造图与测井分层数据制作层面，运用克里金方法分别算出各砂层深度面。按照气层组对多砂层面进行叠加，生成气田各层组多砂层多单元构造模型。由于基础数据多少会存在一些缺陷，而且网格化计算本身也可能引起构造界面的过度平滑，从而偏离原始层面，因此在初步计算结果的基础上，采用三维可视化交互编辑技术对井点数据和地质层位界面进行了反复细致的校正，使构造界面与钻井数据保持很好的对应关系。

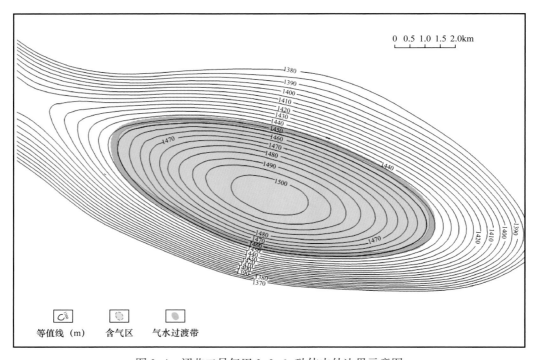

图 3-4　涩北二号气田 3-3-6a 砂体内外边界示意图

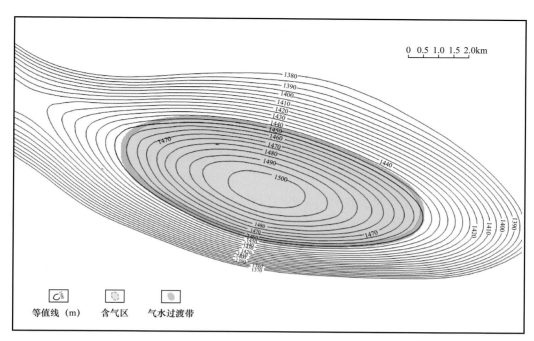

图 3-5 涩北二号气田 3-3-6b 砂体内外边界示意图

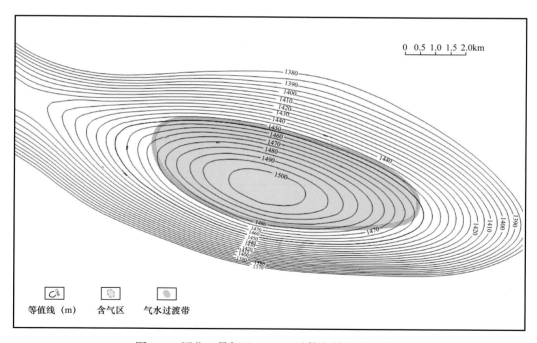

图 3-6 涩北二号气田 3-3-6c 砂体内外边界示意图

2. 属性模型

属性随机建模是储层建模的核心，涩北气田为陆相沉积储层，沉积环境多变，沉积体系较为复杂，在应用随机模拟方法建立地质模型进行储层预测时，需要综合考虑模拟方法的适应性，通过对比模拟，优选出适应储层沉积特征的模拟方法，使涩北气田储层获得较为理想的模拟结果。

1）储层建模

涩北气田储层物性参数的分布主要受储层砂体展布的影响和控制。因此，在进行储层物性参数预测时，以砂体分布为原型模型，应用多元序贯高斯模拟方法，协同模拟预测储层物性参数的分布情况。建模所需的砂体孔隙度、渗透率、饱和度变差函数是在地质资料库基础上，利用 Petrel 综合油气藏描述及地质建模软件提供的地质学统计功能所求取的。

（1）孔隙度。

从涩北气田孔隙度与泥质含量关系图可以看出，孔隙度受泥质含量的控制较为明显，随泥质含量增加而岩心孔隙度逐渐减小，而且相关性较高（图 3-7）。

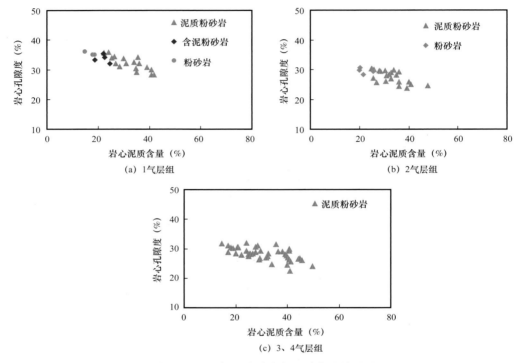

图 3-7　涩北气田孔隙度与泥质含量关系图

因此孔隙度模拟可采用以泥质含量模型为第二协同变量，应用序贯高斯模拟的方法进行（图 3-8 至图 3-10）。

（2）渗透率。

涩北一号、涩北二号气田和台南气田岩心分析孔隙度与岩心分析渗透率存在良好的相关性，即随孔隙度的增大，渗透率呈指数形式增大，但是数据点分布带比较宽，即在同一个孔隙度值下渗透率不是唯一的，且带较宽，这主要是由于渗透率的影响因素较多，不仅与孔隙度有关，还与构造、沉积微相、岩性等有关（图 3-11，图 3-12）。

因为渗透率与孔隙度有较好的相关性，但渗透率具有空间敏感性强等特殊性，因此，在渗透率模拟时采用孔隙度约束对数变换的办法（图 3-13 至图 3-15）。

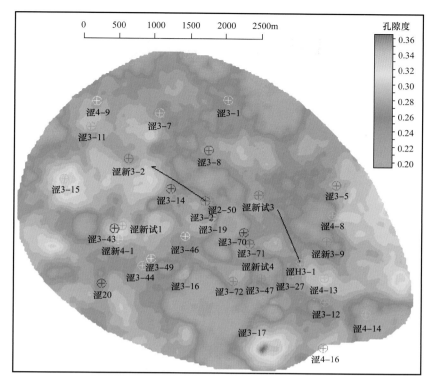

图 3-8　3-3 层组 3-3-1a 砂体平均孔隙度分布

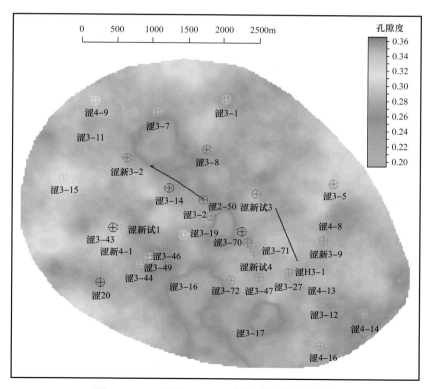

图 3-9　3-3 层组 3-3-1b 砂体平均孔隙度分布

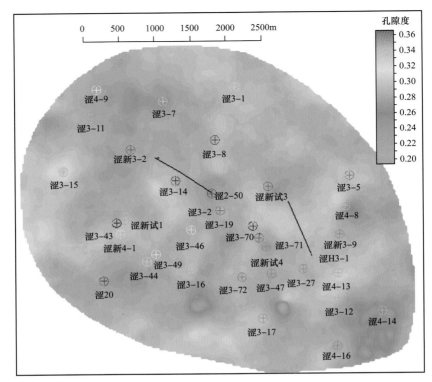

图 3-10 3-3 层组 3-3-1c 砂体平均孔隙度分布

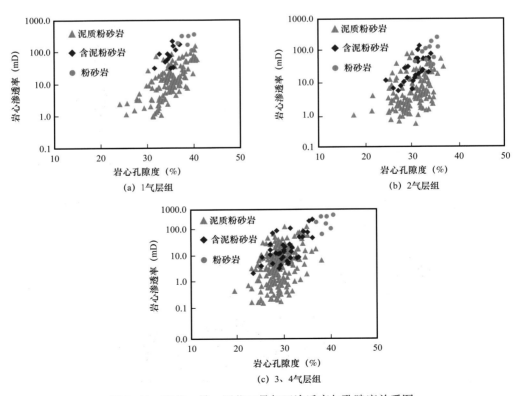

图 3-11 涩北一号、涩北二号气田渗透率与孔隙度关系图

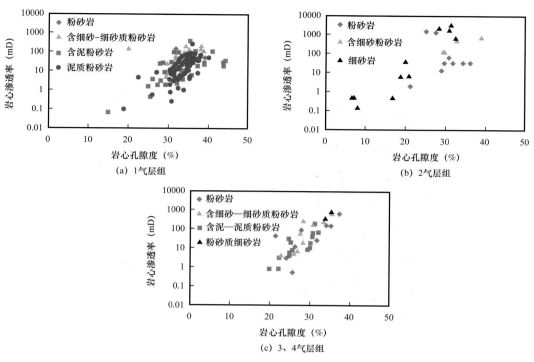

图 3-12 台南气田渗透率与孔隙度关系图

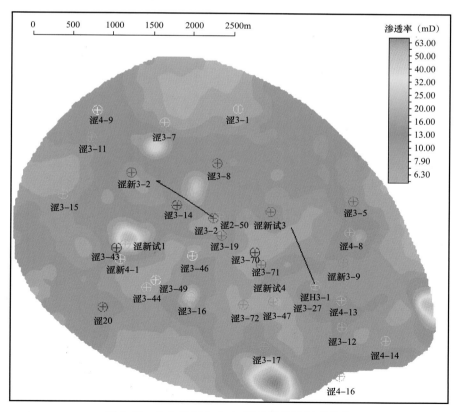

图 3-13 3-3 层组 3-3-1a 砂体平均渗透率分布

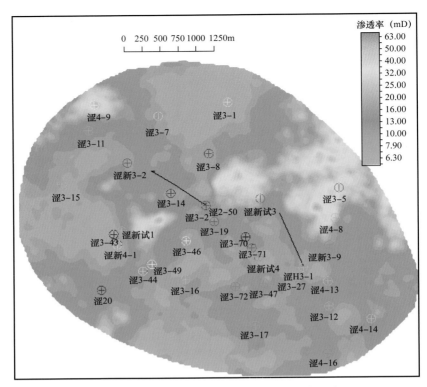

图 3-14 3-3 层组 3-3-1b 砂体平均渗透率分布

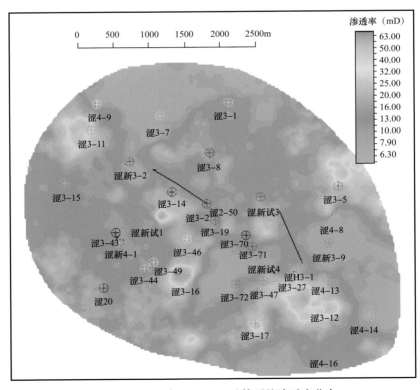

图 3-15 3-3 层组 3-3-1c 砂体平均渗透率分布

（3）含气饱和度。

对于边底水的气藏，常规数值模拟方法是设定统一的气水界面，以此来区分气区和水区，储层内通常被设定为束缚水饱和度，按照重力平衡初始化。涩北气田气水界面呈南高北低的趋势，与构造等高线不完全一致。由于岩性的控制作用，气水边界存在部分不规则的现象。因此，涩北气田的原始气水分布无法依靠平衡初始化来确定，只能采用设定网格含水饱和度参数场的方法，建立非平衡的初始化气水分布参数场。

含气饱和度场是在一定物性条件下重力与毛细管力相互作用的平衡场，因此不能采用随机算法，否则将违背作用力平衡及物质平衡原理；涩北气田为构造—岩性气藏，部分层系的岩性控制十分明显，而建模方法中的气水界面约束条件仅适用于构造控制气藏。为了真实反映涩北气田的饱和度分布，采用确定性与随机相结合的方法进行建模，即以测井解释的饱和度作为输入参数，以孔隙度模型为第二协同变量，同时以饱和度分布图作为趋势面进行综合约束，最终得到分布合理的饱和度模型（图3-16至图3-18）。

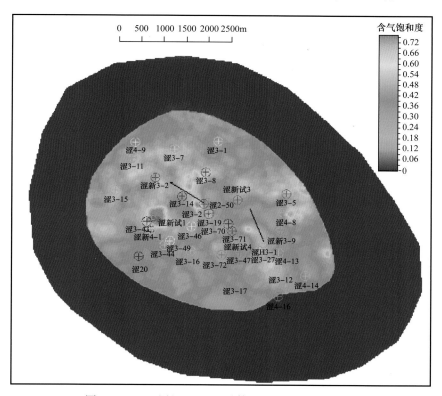

图3-16　3-3层组3-3-1a砂体平均含气饱和度分布

2）隔层建模

涩北气田隔层主要有泥岩、粉砂质泥岩、灰质泥岩和碳质泥岩四种类型。纯泥岩是最好的隔层，由于涩北气田砂泥频繁交互，以泥质粉砂岩、粉砂岩和粉砂质泥岩为绝对优势岩性，纵向上纯泥岩较少，且纯泥岩往往是两个砂体间隔层的一部分，包围在粉砂质泥岩中间。粉砂质泥岩是涩北气田气层间隔层的主要岩石类型，多为含灰粉砂质泥岩和碳酸盐粉砂质泥岩。灰质泥岩与碳质泥岩含量较少。

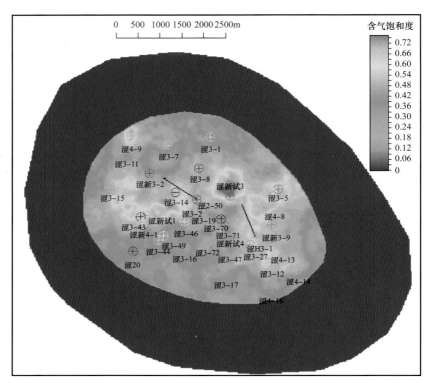

图 3-17　3-3 层组 3-3-1b 砂体平均含气饱和度分布

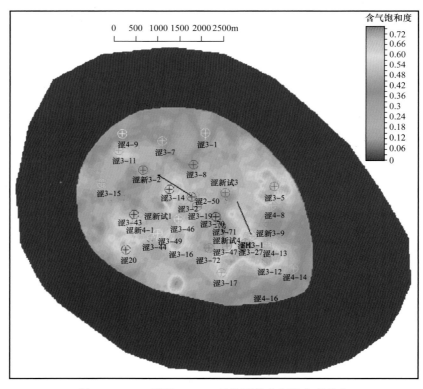

图 3-18　3-3 层组 3-3-1c 砂体平均含气饱和度分布

隔层的构造位置以测井解释的储层顶、底为界，但由于测井解释缺乏对隔层属性的研究，所以隔层的孔隙度、渗透率以综合地质研究成果为依据。隔层孔隙度按照岩心分析，取平均值为 30%，渗透率平均为 0.14～1.36mD。实验证明，泥岩层对水具有明显的击穿 / 启动压力，但目前商用软件不考虑启动压力，本节研究采用了"降低渗透率，但无启动压力"来等效模拟"较高渗，但具有启动压力"的隔层对渗流的影响机理。具体做法是，调整垂向连通性，根据生产井出水动态拟合结果，选择合理的等效垂向渗透率。研究结果表明，当隔层垂向渗透率取值为 0.01～0.1mD 时，能达到对隔层层窜出水的较好拟合效果。

隔层含水饱和度为 100%，束缚水饱和度为 60%（四组相对渗透率曲线中最高的束缚水饱和度值）。岩心实验也表明，束缚水饱和度和泥质含量相关，泥质隔夹层的泥质含量平均为 70% 左右，对应的束缚水饱和度为 62%（图 3-19）。

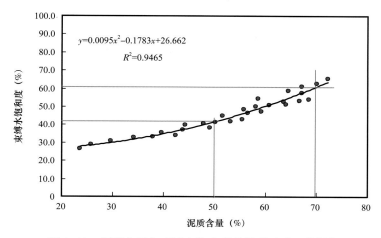

图 3-19　泥质含量与束缚水饱和度的关系（岩心分析）

3）气水过渡带建模

利用岩心实验数据，总结出以下定量关系。

（1）渗透率与喉道中值半径的对应关系如图 3-20 所示。

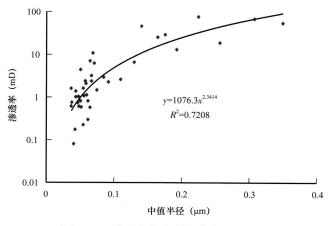

图 3-20　渗透率与喉道中值半径的关系

样品数量 94，样品渗透率范围为 0.09～98.5mD，平均为 11.5mD。经验公式为：

$$k = 1076.3d_{50}^{2.3414}$$

式中，k 为渗透率，mD；d_{50} 为喉道中值半径，μm。

（2）喉道中值半径与排驱压力的关系如图 3–21 所示。

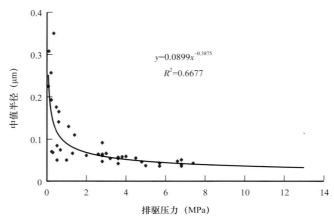

图 3–21　排驱压力与喉道中值半径的关系

样品数量 94，样品喉道中值半径范围为 0.03～0.72μm，平均为 0.11μm。经验公式为：

$$d_{50} = 0.0899p_{c}^{-0.3875}$$

式中，p_c 为排驱压力，MPa。

（3）根据喉道中值半径与渗透率关系式和喉道中值半径与排驱压力关系式得到渗透率与排驱压力的关系（图 3–22）。

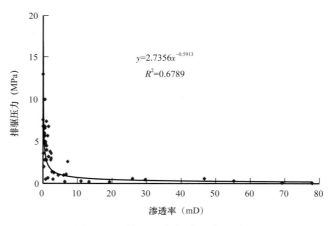

图 3–22　排驱压力与渗透率的关系

样品数量 94，样品毛细管力范围为 0.07～7.6MPa，平均为 2.65MPa。经验公式为：

$$p_{c} = 2.7356k^{-0.5913}$$

根据典型层组的孔径范围，计算各级孔径对应的物性及水柱高度见表 3–1。

表 3-1　各级孔径对应的物性及水柱高度的对应关系计算表

序号	颗粒粒径 （μm）	喉道孔径 （μm）	渗透率 （mD）	排驱压力 （MPa）	水柱高度 （m）	含量比例 / 贡献率 （%）
1	3.02	0.04	0.74	4.03	188.53	10
2	5.85	0.08	4.03	1.90	126.00	15
3	8.63	0.12	10.94	1.27	102.47	15
4	10.64	0.15	18.68	1.03	65.23	10
5	17.19	0.24	63.61	0.66	47.55	25
6	24.55	0.34	157.11	0.48	40.46	15
7	29.58	0.41	251.29	0.41	33.37	5

根据典型层组物性与孔径范围分布的对应关系，计算典型层组具有不同物性特征的储层所对应的毛细管力范围，再由毛细管力分布特征计算过渡带高度范围及过渡带内的含水饱和度分布。

针对具有不同渗透率的储层，计算不同高度处含水饱和度的经验公式为：

$$S_{\mathrm{w}} = 5.1351K^{-0.3176}\exp\left(-0.0113K^{0.3866}h\right)$$

式中，S_{w} 为目标点的理论含水饱和度；K 为地层平均渗透率，mD；h 为目标点到气水界面的高度，m。

（4）饱和度分布图版。

以涩北气田典型层组的渗透率范围（5～50mD）及其粒度组成为例，绘制渗透率—过渡带高度—含水饱和度分布的图版（图 3-23），其中图 3-23 中 1～10 曲线对应的渗透率见表 3-2。

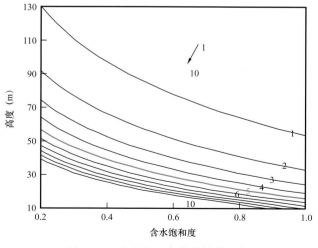

图 3-23　含水饱和度分布计算图版

表 3-2　计算图版的基础渗透率及对应气柱高度

序号	渗透率（mD）	气柱高度（m）
1	5	130
2	10	92
3	15	75
4	20	65
5	25	58
6	30	50
7	35	48
8	40	45
9	45	42
10	50	38

图 3-23 展示了具有不同渗透率的储层在不同高度处的含水饱和度。例如，5 号岩样渗透率为 25mD，具有该渗透率的储层在不同高度处的含水饱和度见表 3-3。

表 3-3　储层渗透率 25mD 对应的气水过渡带内含水饱和度的分布

高度 h（m）	58	50	40	30	20	16
含水饱和度 S_w	0.20	0.26	0.38	0.57	0.84	1.00

当过渡带高度为 58m 时，过渡带顶界面对应的含水饱和度为束缚水饱和度为 0.20，最小毛细管力具有的液柱高度为 16m，该高度以下为纯水柱，含水饱和度为 1.00，在过渡带高度 20m、30m、40m、50m 处，对应的含水饱和度依次为 0.84、0.57、0.38、0.26。

4）分区相对渗透率曲线

依据第二章中相对渗透率曲线分类结果，通过设定网格束缚水饱和度及相对渗透率曲线的方法，建立气水流动特征的非均匀分布。测井解释数据能够反映储层岩石束缚水饱和度及初始含水饱和度的分布。统计了涩北一号气田 123 口气井 12574 个小层测井解释的可动水饱和度与束缚水饱和度数值（图 3-24 至图 3-26）。数据分析如下：

（1）根据地层参数的测井解释结果，将地层划分为干层、差气层、气层、气水层和水层，储层包括其中的产气层、气层和气水层。

（2）19 个开发层组的储层平均束缚水饱和度为 45.86%，其中，0-1 层组的束缚水饱和度最大，为 52.87%；4-5 层组的束缚水饱和度最小，为 41.83%（图 3-24）；单点解释的束缚水饱和度最大值为 63.87%，最小值为 23.10%。

（3）19 个开发层组的储层平均可动水饱和度为 10.70%，其中，4-5 层组的可动水饱和度最大，为 14.73%；0-1 层组的可动水饱和度最小，为 6.96%（图 3-25）；单点解释的可动水饱和度最大值为 37.15%，最小值为 0.59%。

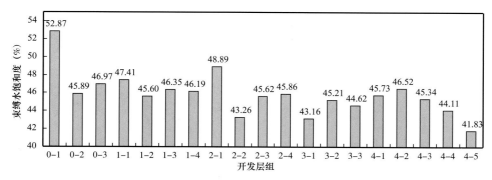

图 3-24　束缚水饱和度的纵向分布

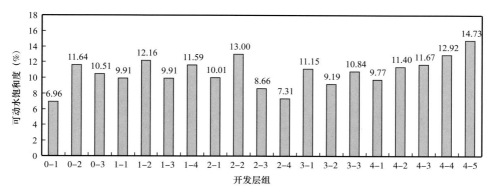

图 3-25　可动水饱和度的纵向分布

可动水饱和度用来拟合和分析气井层内水的产出动态，束缚水饱和度则用来设定每个网格的起始流动条件及相对渗透率曲线的形态。

因为难以对每个网格单独定义束缚水饱和度及气水相对渗透率曲线，首先对测井解释的束缚水饱和度分级，然后再根据各个网格束缚水饱和度的数值所在范围区间进行分区，分别设置不同的气水相对渗透率曲线，实现对非均衡层内原始含水及流动状态的模拟。

根据 123 口气井 12574 个小层解释数据，绘制束缚水饱和度的分布频率及累计分布频率曲线（图 3-26），按照束缚水饱和度累计分布频率 5%～27.5%、27.5%～50%、50%～72.5% 和 72.5%～95% 划分为四个区间，每个区间累计分布频率的平均值所对应的束缚水饱和度即可作为涩北气田束缚水饱和度分级区间的依据。

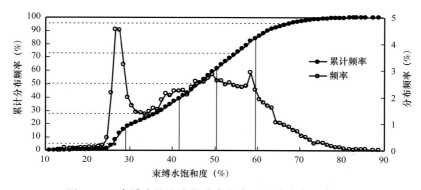

图 3-26　束缚水饱和度的分布频率及累计分布频率统计

利用分区束缚水饱和度及分区相对渗透率曲线（图 3-27，表 3-4，图 3-28），就可以解释有的层段具有较高的含水饱和度但却无可动水，有的层段虽含水饱和度较低但却初始产水的现象。

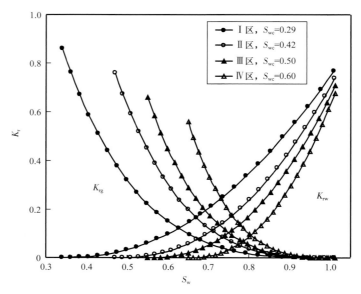

图 3-27　分区的气水相对渗透率曲线

S_{wc}—束缚水饱和度；K_{rg}—气相渗透率；S_{gr}—残余饱和度；K_{rw}—水相渗透率

表 3-4　涩北一号气田分区相对渗透率曲线特征值

分区	S_{wc}	K_{rg}（S_{wc}）	S_{gr}	K_{rw}（S_{gr}）
1	0.29	0.86	0.04	0.767
2	0.42	0.76	0.04	0.737
3	0.50	0.66	0.04	0.707
4	0.60	0.56	0.04	0.677

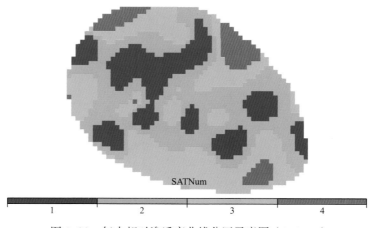

SATNum

| 1 | 2 | 3 | 4 |

图 3-28　气水相对渗透率曲线分区示意图（4-4-1a）

二、多层气藏数值模拟

数值模拟中气井以定产气量生产，因此重点拟合气井和层组的出水量。由于地质模型建立过程中存在诸多不确定因素，因此可以通过调整储层渗透率、边水能量和含水饱和度来拟合出水量。同时，涩北气田出水类型多样，包含凝析水、工作液返排水、层内水、层间水和边水等。首先要识别出水类型，再针对不同类型水有针对性地调整参数，才能提高拟合精度，拟合的结果更符合地质认识。

1. 参数不确定性分析

1）渗透率不确定性

（1）渗透率不确定性的成因分析。

① 测井解释技术。涩北气田储层成岩性较差，尽管进行了深入、细致的储层参数测井解释工作，但由于未成岩储层参数的测井解释方法、理论和技术尚不成熟，现阶段的储层参数测井解释成果存在一定的偏差，其中，储层渗透率对渗流特征和气井生产动态的影响最为显著，需要定量评价渗透率不确定性对生产动态的影响。

② 压实作用。疏松砂岩储层的泥质含量较高，孔隙结构复杂，孔喉连通性受储层岩石的压实作用影响较为明显。由于涩北气田的泥质含量和孔喉结构的非均质性较严重，压实作用对储层各处渗透性的改变幅度也不一致，存在较大的不确定性，需要定量计算渗透率的改变对开发效果的影响。

③ 微粒运移。疏松砂岩多孔介质中的微粒运移现象较为明显，表现为易出砂。微粒运移对储层渗流特征的影响结果包括淤塞和疏通，对应渗透率表现为降低和增加。鉴于目前研究手段和研究范围的局限性，无法详细知道储层内微粒运移的效果，因此，也需要利用气藏数值模拟技术研究渗透率改变对开发效果的影响。

④ 出水。出水会降低多孔介质内气相的流动能力，出水也会引起黏土矿物的膨胀、松散，变成可运移的微粒，因此，出水将显著改变疏松砂岩储层的渗透率。尽管对水源进行了详细分析，也定量评价了各种已知水源对气井生产动态和出水规律的影响，但由于涩北气田各气井之间、同井不同射孔层之间、同井各个生产阶段之间出水水源存在多样性，其中的主要水源也可能随着开采阶段而发生改变。因此，在气田范围内，由于出水规律的复杂性，导致了出水对渗透率影响幅度的不确定性，需要借助气藏数值模拟技术，定量计算渗透率改变对气井开采动态的影响。

（2）渗透率不确定性的模拟指标分析。

以涩北一号气田四层系为例，以目前地质模型中的储层渗透率13.76mD为基础，分别模拟对比了当储层渗透率为当前数值10%、20%、40%、60%、80%、100%（当前数值）、150%、250%和500%时的生产动态指标（图3-29至图3-32）。

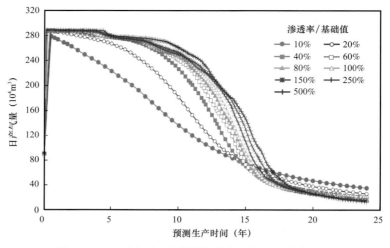

图 3-29　渗透率不确定性模拟指标对比（日产气量）

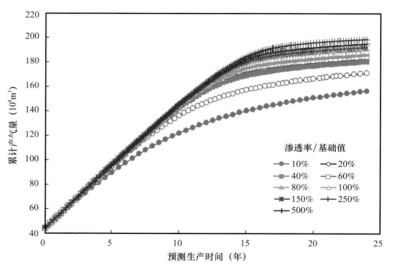

图 3-30　渗透率不确定性模拟指标对比（累计产气量）

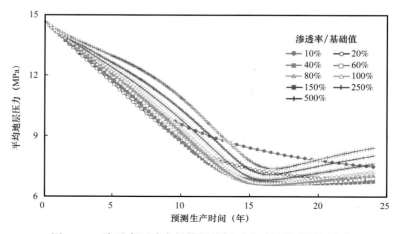

图 3-31　渗透率不确定性模拟指标对比（平均地层压力）

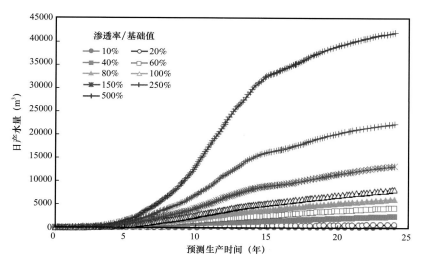

图 3-32　渗透率不确定性模拟指标对比（日产水量）

① 稳产期和日产气量（图 3-33，图 3-34）。

渗透率越低，稳产时间越短，但开发末期产量略高。

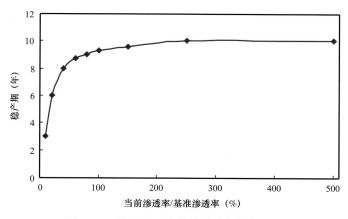

图 3-33　渗透率不确定性对稳产期的影响

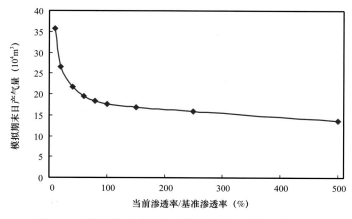

图 3-34　渗透率不确定性对模拟期末日产气量的影响

第一，当渗透率低于目前基准值60%以上时，日产量指标变化幅度较大。例如，当渗透率只有目前基准值的10%时，稳产期为3年，模拟期末层系总产量还有 $35.7 \times 10^4 m^3$；而当渗透率为目前基准值的40%时，稳产期达到8年，模拟期末层系总产量为 $21.7 \times 10^4 m^3$。

第二，当渗透率高于目前基准值60%以上时，日产量指标变化幅度较小。例如，当渗透率为目前基准值的60%时，稳产期为8.7年，模拟期末层系总产量还有 $19.4 \times 10^4 m^3$；而当渗透率为目前基准值的1.5倍时，稳产期为9.6年，模拟期末层系总产量为 $16.8 \times 10^4 m^3$。

② 累计产量和采出程度（图3-35）。

渗透率越低，相同时间内的采出程度就越低。

第一，当渗透率低于目前基准值60%以上时，累计产量及采出程度指标变化幅度较大。例如，当渗透率只有目前基准值的10%时，模拟生产25年，期末采出程度仅为58.18%；当渗透率为目前基准值的40%时，模拟期末采出程度达到了67.02%。

第二，当渗透率高于目前基准值60%以上时，累计产量和采出程度指标的变化幅度较小。例如，当渗透率为目前基准值的60%时，模拟期末采出程度为68.6%；而当渗透率为目前基准值的1.5倍时，模拟期末采出程度也只有71.30%，增幅较小。

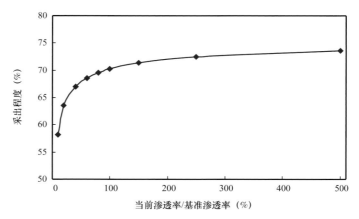

图3-35 渗透率不确定性对模拟期末采出程度的影响

③ 产水量。

日产水量的差异主要受边水控制，当气井见边水时，出水量将显著增加。在渗透率较低的情况下，开采效益不是很好，但边水水侵也受到抑制；渗透率较高时，稳产年限长，但边水水侵显著，出水量也较高（图3-36）。

④ 生产水气比和主要出水类型。

渗透率越低，对边水的抑制作用越强，长期以层内水为主；相反，渗透率越高，边水水侵就越明显，气藏很快进入全面水淹期（图3-37）。

⑤ 地层压力。

对于涩北气田，地层压力的变化趋势取决于采气速度和边水的补给。如果渗透率较低，气井产量递减较快，地层能量衰减较慢；如果渗透率较高，气井稳产期较长，地层能量衰减较快。但由于和边水连通性较好，如果此时边水能量充足，对地层能量的衰竭将起到一定的补充作用，地层压力的衰减未必是最快的。四层系模拟对比显示，当地层渗透率为基准值40%时，模拟期末地层压力最低；对于渗透率大于40%基准值的情况，边水的补充较明显（图3-38）。

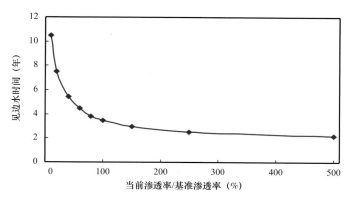

图 3-36　渗透率不确定性对见边水时间的影响

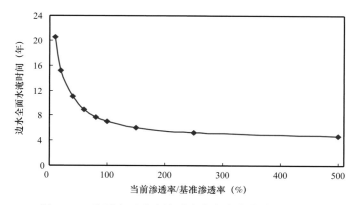

图 3-37　渗透率不确定性对边水完全水淹时间的影响

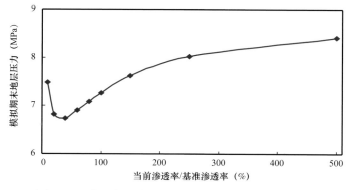

图 3-38　渗透率不确定性对模拟期末地层压力的影响

　　模拟对比表明，只要储层渗透率的解释值不低于真实值的60%，则数值模拟预测的稳产期、产量变化规律及采出程度受渗透率不确定性的影响就不显著。如果因为解释误差或后期开采储层二次污染导致有效渗透率低于目前基准值的60%以上，则气井产量会急剧下降，但渗透率的降低对边水的抑制作用又有利于气井开发。

2）边水能量的不确定性

（1）边水能量不确定性的成因分析。

① 涩北气田纵向上层多，各个小层的投产时间、开采强度存在差异，同时存在层间非均质性，使得气田各小层、小层各个方向间的边水供给都不相同。

② 通过生产动态历史拟合可以达到对边水水侵的等效模拟，但由于涩北气田的气井出水水源多样，历史拟合能够达到等效的目的，但对水源的多解性将显著影响生产动态预测。

（2）边水能量不确定性的模拟指标分析。

由于涩北气田的储层物性较差，边水流动性较差，边水对储层内部的能量补充不会太明显。以涩北一号气田四层系为例，以目前地质模型中的水体倍数 11.0 倍为基础，分别模拟对比了当水体倍数为 1.4、2.8、5.5、8.3、11.0（基本模型）、13.8、20.6 和 34.4 时的生产动态指标（图 3-39 至图 3-42）。

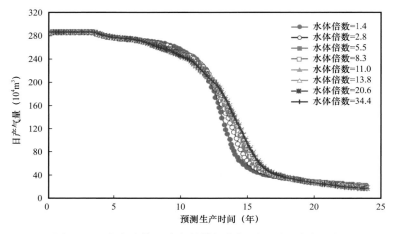

图 3-39　边水水体不确定性模拟指标对比（日产气量）

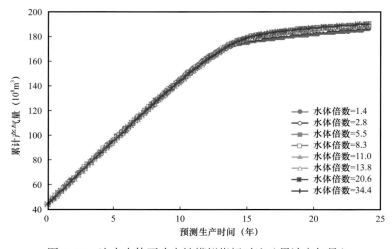

图 3-40　边水水体不确定性模拟指标对比（累计产气量）

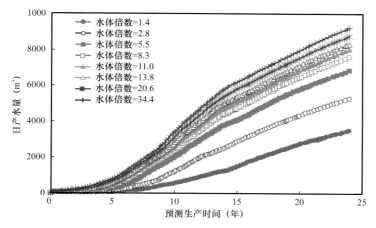

图 3-41　边水水体不确定性模拟指标对比（日产水量）

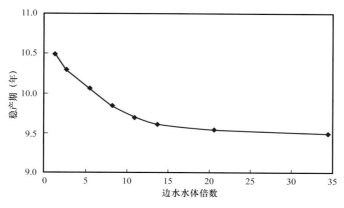

图 3-42　边水水体不确定性对稳产期的影响

① 稳产期与产量。模拟对比的几种水体倍数条件下，稳产期和天然气产量的差异都很小。水体倍数为 1.4 条件下稳产期 10.5 年，水体倍数为 34.4 条件下稳产期 9.5 年，25 倍的水体倍数差异，稳产期只相差 1 年。模拟计算表明，8 种水体倍数条件下产气规律几乎一样，模拟期末气井产量也非常接近，水体倍数为 1.4 的模拟期末气田日产量为 $22.2 \times 10^4 m^3$，水体倍数为 34.4 的模拟期末气田日产量为 $17.0 \times 10^4 m^3$。

② 累计产气量与采出程度。当水体倍数为 1.4 的条件下，模拟期末累计产气量为 $185.5 \times 10^8 m^3$，采出程度为 68.69%；当水体倍数为 34.4 的条件下，模拟期末累计产气为 $190.4 \times 10^8 m^3$，采出程度为 70.39%，累计产气量相差 $5 \times 10^8 m^3$，采出程度相差 1.7%（图 3-43）。开采指标边水的能量补充有利于提高采收率，模拟显示，在水体倍数 5 倍之前，水体倍数的变化对产量、采收率影响较为显著。

③ 日产水量。其差异主要受边水控制，边水弱的，则见水晚，出水较少（图 3-44，图 3-45）。

④ 生产水气比和主要出水类型。计算显示，水体倍数越低，边水对产量的影响就越弱，气田长期体现为以层内水为主；相反，水侵越强，边水水侵就越明显，气藏很快进入全面水淹期（图 3-44，图 3-45）。

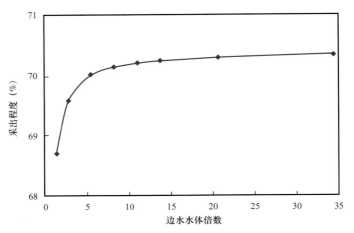

图 3-43　边水水体不确定性对模拟期末采出程度的影响

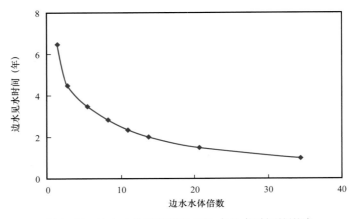

图 3-44　边水水体不确定性对边水见水时间的影响

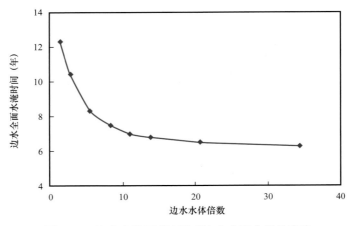

图 3-45　边水水体不确定性对边水全面水淹的影响

　　⑤ 地层压力。水体倍数越大，对气田开发能量衰竭的补充就越明显，水体倍数较大的条件下开采末期地层能量较高（图 3-46）。

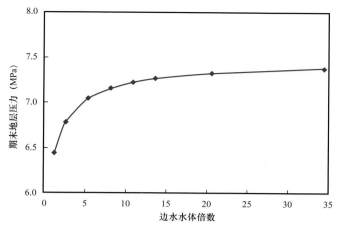

图 3-46　边水水体不确定性对模拟期末地层压力的影响

模拟对比水体倍数对开发指标的影响，假设进入井底的地层水都能被顺利采出，即不存在积液压井关井的情况。实际上，若边水水侵较显著，一方面能起到补充地层能量的作用；另一方面对气井开采的负面效应将更加显著，实际气井的积液、压井、停躺，将使水体倍数较大条件下的气藏开采指标大幅度低于模拟预测。

边水水体倍数的不确定性，将主要表现在气井产水量的不确定性上，因此其开发对策就是要合理配产，使气井的产量高于临界携液产量，同时加强优化管柱、泡排、连续油管排液等人工助排方式，防止井底积液压井。

3）可动水饱和度的不确定性

（1）可动水不确定性的成因分析。

涩北气田目前在各个层系均已钻井，气井分布较均匀。以测井解释的含水饱和度、束缚水饱和度、可动水饱和度为基础，采用单井分层厚度权衡，再取井点算术平均值，得到各个井点在各个模拟小层的含水饱和度及可动水饱和度。

以上过程中有三处可能带来可动水饱和度的不确定性：① 疏松砂岩储层参数测井解释方法不完善，解释的含水饱和度存在一定偏差；② 利用台南气田核磁共振数据得到的可动水解释模型存在偏差，应用到涩北一号气田存在一定误差；③ 建模方法中以孔隙度作为第二协同变量，孔隙度解释的误差也会造成可动水饱和度分布的误差。

（2）可动水不确定性的模拟指标分析。

以涩北一号气田四层系为例，分别模拟对比了当储层可动水饱和度为 0、5%、10%、15%、20%时的生产动态指标（图 3-47）。

① 稳产期和产量。

可动水将显著降低储层内天然气的流动能力。随着可动水的大量产出，井筒压耗也大大增大，可动水对气井的稳产能力危害非常大。数值模拟能够体现储层内可动水对气流的影响，模拟显示，具有较大可动水饱和度的气藏，稳产能力较差，模拟期末产气量较低（图 3-48，图 3-49）。

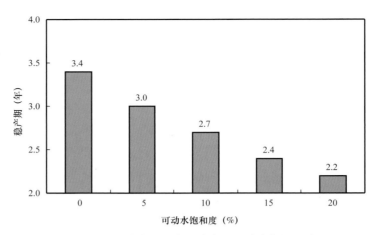

图 3-47 可动水饱和度不确定性对稳产期的影响

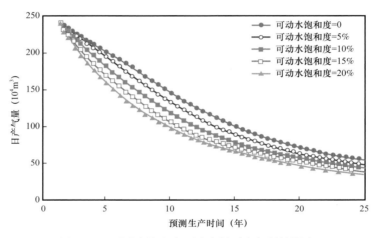

图 3-48 可动水饱和度不确定性对产气量的影响

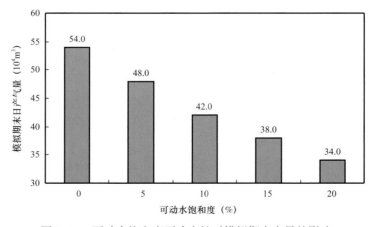

图 3-49 可动水饱和度不确定性对模拟期末产量的影响

② 累计产气量与采出程度。

可动水不仅影响稳产期，也影响最终的累计产气量（图 3-50）。模拟显示，无可动水的条件下，25年末累计产气量为$159.8 \times 10^8 m^3$；可动水饱和度为10%条件下，累计产气量为$137.0 \times 10^8 m^3$；而可动水饱和度为20%条件下，累计产气量为$111 \times 10^8 m^3$。

对应四层系的地质储量，10%的可动水饱和度使得天然气采收率下降10.4%，20%的可动水饱和度使得天然气采收率下降22.2%（图3-51）。

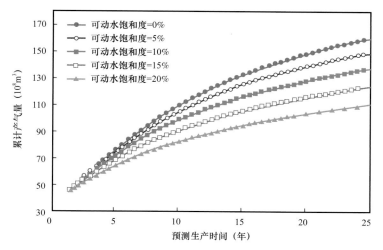

图3-50 可动水饱和度不确定性对累计产气量的影响

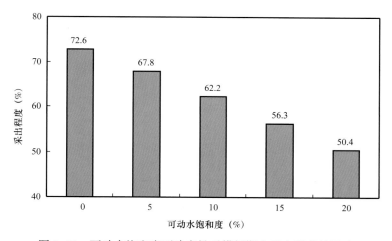

图3-51 可动水饱和度不确定性对模拟期末采出程度的影响

③ 日产水量。

模拟显示，可动水饱和度越大，气井日产水量越大（图3-52），出水速率在前10年差距不大，从第10年开始，出水速率迅速增加，表明地下可动水形成了汇聚流（图3-53，图3-54）。

④ 生产水气比。

出水规律的相关研究成果表明，层内水的生产水气比通常小于$200 m^3/10^6 m^3$，主产层边水突进，生产水气比将达到$200 \sim 500 m^3/10^6 m^3$，而主产层的边水水淹，生产水气比将超过$500 m^3/10^6 m^3$。

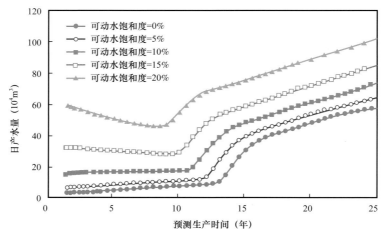

图 3-52　可动水饱和度不确定性对日产水量的影响

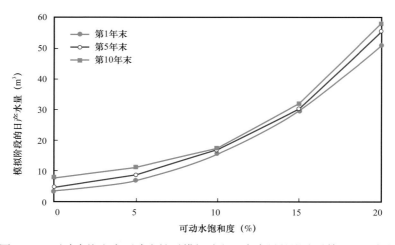

图 3-53　可动水饱和度不确定性对模拟阶段日产水量的影响（第 1～10 年）

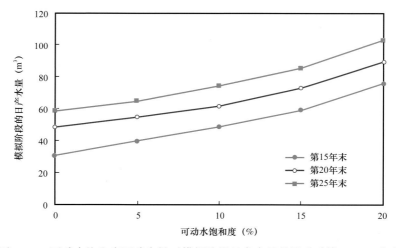

图 3-54　可动水饱和度不确定性对模拟阶段日产水量的影响（第 15～25 年）

模拟结果显示，当可动水饱和度为15%时，第22.5年生产水气比将超过了200m³/10⁶m³；当可动水饱和度达到20%时，模拟生产到18.7年生产水气比就达到了200m³/10⁶m³，表明较大的可动水饱和度在生产的中后期形成汇聚，使得生产水气比具有了和边水类似的特征（图3-55）。

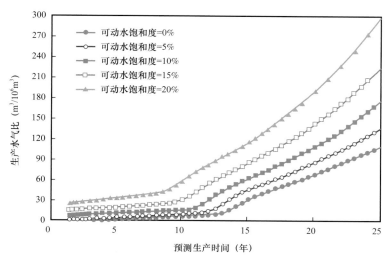

图 3-55 可动水饱和度不确定性对水气比的影响

2. 水源类型模拟

1）水源识别方法

涩北气田水源识别方法是在深入分析气田目前的水源种类、各种水源出水特点和现有的资料基础上建立的。综合构造、测井解释、产出剖面测试、生产动态数据、水分析、试井资料等资料，建立涩北气田水源综合识别方法。依据各种水源判别过程中对现有资料的依存度，建立水源识别资料依存度表（表3-5），其中给出了各种水源识别资料的依存度或参考价值。

表 3-5 水源识别资料依存度评价表

判断资料	水源				
	边水	凝析水	层内水	层间水	工作液
构造	★★★				
测井解释		★★	★★★	★★★	
产出剖面测试	★★	★★	★★★	★★★	
生产动态数据	★★★	★★★	★★	★★	★★★
水分析		★			
试井资料	★				

注：★★★为主要依存；★★为依存；★为参考。

各种水源的判断流程如下：

（1）按照出水量和水气比的大小大致分为五类，即水气比小于 $0.1m^3/10^4m^3$ 类，缓慢上升类，迅速上升类，波动跳跃类和下降类。大致确定五种生产动态类型对应的出水水源，然后根据这五种类型结合各种资料进行仔细甄别（图 3-56）。

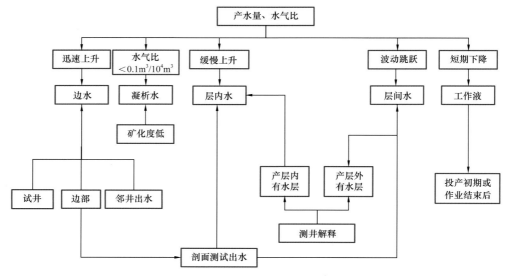

图 3-56　涩北气田地层水判别方法

（2）水气比小于 $0.1m^3/10^4m^3$ 类，判断是否为凝析水比较简单，要求生产水气比接近理论凝析水气比即可，同时需要进一步确定不同时期水样的矿化度，凝析水的矿化度一般低于 10000mg/L。

（3）对于产水量、水气比缓慢上升类，进一步判断是否为层内水，首先检查产出剖面是否出水，再确定生产小层内测井解释有无水层、含水层，最终确定是否为层内水。

（4）对于产水量、水气比迅速上升类，要进一步判断是否为边水，首先确定该井的位置是否位于气藏边部，其次确定周围邻井是否已经证实出边水，再核实出水后产出剖面是否出大量水，必要时核实试井径向流段的压力反应特征，最终确定是否为边水。

（5）对于产水量、水气比波动跳跃类，可能存在着两种水源，即层间水或层内水。核实产层内外测井解释结果，判断出水层是在产层内还是产层外，产层内为层内水，产层外为层间水。

（6）对于产水量和水气比短期下降类，判断是否为工作液的返排，应核对出水的时间是否为投产初期或措施作业结束后进行确认。

气井出水过程中，水源并不是一成不变的，而是一个动态的过程，主要表现在两个方面：（1）同一口井出水类型往往不止一种。凝析水伴随着天然气采出，在每口气井中都会产出。另外层内水、层间水、边水等可能同时产出，这里所指的出水类型是只占主导作用的水，特别是对气田开发和气井生产影响较大的水源。（2）同一口气井不同开发时期出水水源可能不同。表现在开发初期，气井远离气水边界，几乎都不出边水，而由于部分气井在完井过程中井底积液未排彻底，会返排出部分工作液，开发过程中，随着生产压差、气层与水层压差的加大，可能会产生层内水和层间水，离气水边界较近的气井还会产出边水，使得出水水源更加复杂化。

凝析水水量小，持续时间长，对气井的生产影响小，工作液返排持续时间短，仅在较短时间内有较小的影响；层内水、层间水很难进行准确区分和判断，但其产水量和持续时间等特征一致，即产水规律性不强，产水量差异较大，介于凝析水和边水之间，对气藏开发会造成一定的影响。而边水则是涩北气田气水主要矛盾，产水量大，出水规律性强，出水后对气藏危害大。

2）水源类型模拟

涩北疏松砂岩气藏具有气水界面倾斜、气水多层分布、气井普遍出水等特点，水源的多样性导致不同部位的井在不同生产阶段的出水机理和出水特征有差异。常规数值模拟方法是设定统一的气水界面，以此来区分气区和水区，对于储层，通过设定束缚水饱和度来模拟原始状态的气水分布，但无法模拟涩北气田储层内部的可动水。运用数值模拟方法，通过生产历史的拟合来复核静态地质模型，其中非常重要的拟合参数是出水量。涩北气田数值模拟要结合软件的特点，在水源分析落实的条件下，通过改变网格初始含水饱和度和动态调整相对渗透率曲线端点值，以期达到对各类出水水源的模拟。

（1）凝析水。

水量极小，对产量无影响，不作为重点拟合对象。

由于数值模拟软件没有考虑复杂的井筒及储层内温度、压力变化引起的凝析水相态变化，凝析水的模拟通过设定初始含水饱和度略高于束缚水饱和度来实现。

（2）工作液返排。

工作液返排出水表现为出水量逐渐下降和产气量的回升。

通过在过井网格内增加初始含水饱和度的数值来拟合工作液返排产出的机理，有限的单网格内可动水代表了泄漏的工作液，初始饱和度增加多少则取决于工作液返排的动态拟合符合程度。由于工作液返排现象只是出现在个别井，对未来生产动态影响不大，也不作为模拟的重点，只作为机理研究。

（3）原生层内水。

① 局部封存小水体。其出水特征是：从微量出水急剧上升为中等出水（日产水量为 $1\sim5m^3$），若水体较小，持续数月；若水体较大，则可持续数年，然后出水量迅速下降。

通过在过井网格（钻遇小水体）或同层的近井网格（相邻小水体）增加含水饱和度来拟合，饱和度调整的数值幅度与调整区域的范围取决于出水上升的起始时间、上升幅度和出水的持续时间（反映了水体的远近和水体的大小）。如果在短时间内小水体已经被采完（表现在井没有实施封堵也没有降产，而出水却下降），则不作为模拟重点，因为这部分水对未来开采状态和新井都不会有显著影响。如果层内原生可动水尚未被采完（水体较大，表现在生产阶段层内水的产出持续上升或波动维持），则须作为模拟重点，因为这部分水对未来开采状态和相邻的新井投产都会有显著的影响。

② 气水同层。这类储层属于气水过渡层，出水会持续影响产量，并且同层的新井也将具有同样的气、水产出特征，应作为模拟的重点。

通过设定相邻多个连片的连续网格含水饱和度实现，饱和度调整幅度要小，逐渐逼近真实生产动态。

（4）次生层内水。

次生层内可动水是由束缚水在一定条件下转化而来的，如果附近有长时间生产的井并且已经造成了局部压力下降，则新井投产就会见水，但水量较小，将逐渐上升或维持；如果附近没有长时间生产井，或没有引起足够的压力下降，则投产时不会存在可动水，生产一段时间后才会出现次生可动水，出水量将缓慢上升。

通过在相邻网格略微增加含水饱和度来实现拟合。增加的幅度和范围取决于实际出水动态。由于次生层内水对产量的影响幅度不大，但作用时间长，长期降产效果明显，因此应作为模拟重点。

（5）层间水。

层间水是一个单独的水层，通常是设定气水界面的深度，然后通过网格的垂向深度自动判断是气层还是水层，针对涩北气田储层内倾斜气水界面的特征，本节采用人工赋予网格的含水饱和度。

① 水层。利用综合研究得到的含气边界确定气区和水区，含气边界以内的网格赋予束缚水饱和度。

② 窜层水。动态分析落实为窜层水，测井解释确认相邻层（上、中或下部）为水层，但本层并不是水层，则可以确认出水是窜层水。

处理方法是：将连接水层网格的传导率调高，调高的范围取决于被水窜影响井的出水动态。由于这种现象并不普遍，窜层出水井的位置没有规律，通过封堵和降产可以治理，因此不作为模拟的重点。

（6）隔夹层水。

目前还不是很清楚隔夹层水的产出机理，无法做到定量认识。从流动机理上，隔夹层水首先是在压差的作用下进入产层，然后再在层内压差的作用下进入气井，因此，对层内水的设置和拟合已经涵盖了隔夹层水的影响，不单独作为模拟重点。

（7）边水。

边水是涩北气田实现效益开采的最大威胁，也是数值模拟研究的重点。常规数值模拟通常对相对渗透率曲线做归一化处理，但对于非均质严重的油气藏，由于毛细管压力的作用，在物性差异的区域实际相对渗透率两相共渗区范围不同，若整个油气藏采用一条平均相对渗透率曲线，虽然整个油气藏产量参数与实际吻合，但物性较好的区域产量低于实际，物性差的区域产量高于实际，对于开发时间较长的油气藏，采用平均相对渗透率曲线导致其含水拟合也较差。涩北气田边水水侵模拟利用相对渗透率曲线端点标定可以更好地反映井间非均质性，有效消除平均效应，拟合出水情况。

端点标定包括两种方式：

① 两点标定。在气水两相中，水相渗透率 K_{rw} 由束缚水饱和度 S_{WCR} 和最大含水饱和

度 S_{WU} 决定，气相渗透率 K_{rg} 由残余气饱和度 S_{GCR} 和最大含气饱和度 S_{GU} 确定。标定后含水饱和度的表达式变为：

$$S_{W1}=S_{wcr}+（S_W-S_{WCR}）（S_{wmax}-S_{wcr}）/（S_{WU}-S_{WCR}）$$

式中，S_W 为任一含水饱和度值；S_{W1} 为对应于 S_W 的新的含水饱和度值；S_{WCR} 和 S_{wcr} 分别为标定后和标定前的含水临界饱和度；S_{WU} 和 S_{wmax} 分别为标定后和标定前的最大含水饱和度。

水相渗透率 K_{rw} 的求取：当 $S_W \leqslant S_{WCR}$ 时，$K_{rw}（S_{W1}）=0$；当 $S_{WCR} \leqslant S_W \leqslant S_{WU}$ 时，$K_{rw}（S_{W1}）=K_{rw}（S_W）$；当 $S_W \geqslant S_{WU}$ 时，$K_{rw}（S_{W1}）=K_{rwmax}$。

② 三点标定。在气水两相中，水相渗透率 K_{rw} 由束缚水饱和度 S_{WCR}、残余气饱和度 S_{GCR} 和最大含水饱和度 S_{WU} 确定，气相渗透率 K_{rg} 由残余气饱和度 S_{GCR}、束缚水饱和度 S_{WCR} 和最大含气饱和度 S_{GU} 确定。

水相渗透率 K_{rw} 的求取：当 $S_W \leqslant S_{WCR}$ 时，$K_{rw}（S_{W1}）=0$；当 $S_{WCR} \leqslant S_W \leqslant 1-S_{GCR}$ 时，$S_{W1}=S_{wcr}+（S_W-S_{WCR}）（1-S_{gcr}-S_{wcr}）/（1-S_{GCR}-S_{WCR}）$；当 $1-S_{GCR} \leqslant S_W \leqslant S_{WU}$ 时，$S_{W1}=S_{gcr}+（S_W-1+S_{GCR}）（S_{wmax}-1+S_{gcr}）/（S_{WU}-1+S_{GCR}）$；当 $S_W \geqslant S_{WU}$ 时，$K_{rw}（S_{W1}）=K_{rwmax}$。

式中，S_W 为任一含水饱和度值；S_{W1} 为对应于 S_W 的新的含水饱和度值；S_{WCR}、S_{wcr} 分别为标定后和标定前的含水临界饱和度；S_{WU}、S_{wmax} 分别为标定后和标定前的最大含水饱和度；S_{GCR}、S_{gcr} 分别为标定后和标定前的残余气饱和度。

在用端点标定进行历史拟合时，通常会出现以下几种情况：

① 气井在初期产水量拟合不好，见水过早或见水滞后。可通过缩小或增大 S_{WCR} 和 S_{WU} 实现左右移动水相渗透率曲线达到较好的拟合效果。如涩 4-12 和涩 3-22 井，产水过早过快，分别如图 3-57 和图 3-58 所示。分别端点标定重新设置束缚水饱和度 0.61、0.7，当最大含水饱和度达到 0.66、0.77 之后，出水量明显降低，见水时间推迟。

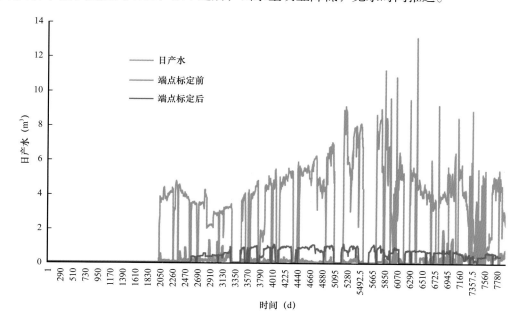

图 3-57 涩 4-12 井端点标定前后历史拟合对比图

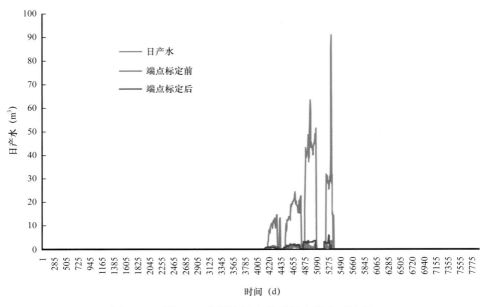

图 3-58　涩 3-22 井端点标定前后历史拟合对比图

　　② 气井后期拟合边水推进较慢，边水突进不明显；或者边水推进较快，水量较大。可微调小 S_{WCR}，较大幅度增大 S_{GCR} 或减小 S_{WU}，使得水相相对渗透率曲线上移；或者微调大 S_{WCR}，较大幅度减小 S_{GCR} 或增大 S_{WU}，使得水相相对渗透率曲线下移，从而达到精确拟合的目的。如涩 3-26 和涩 4-17 井，边水推进太快，水量大，分别如图 3-59 和图 3-60所示。涩 3-26 井端点标定重新设置束缚水饱和度 0.78，最大含水饱和度 0.83，使得气井产水量与实际情况基本吻合；涩 4-17 井端点标定重新设置束缚水饱和度 0.78，最大含水饱和度 0.84，使得气井产水量与实际情况基本吻合。

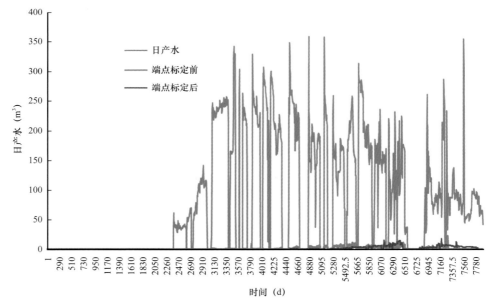

图 3-59　涩 3-26 井端点标定前后历史拟合对比图

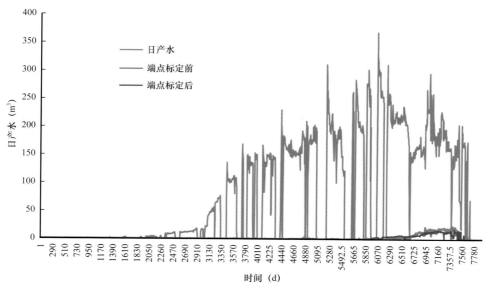

图 3-60　涩 4-17 井端点标定前后历史拟合对比图

第三节　涩北气田数值模拟

涩北气田数值模拟方法在水侵规律分析、剩余气分布描述、治水对策量化评价方面得到了广泛应用。开发实践表明，该方法可行、可靠。

一、水侵规律分析

采用数值模拟手段，通过统计各个砂体、各个方位含水饱和度增幅超过 10 个百分点的网格数量（图 3-61），评价水侵区域的变化，通过统计水侵区域的扩展速度，评价水侵速度，统计含气范围内含气饱和度降幅，表征水侵程度。以涩北一号气田 2-2 层组为例，说明数值模拟方法精细评价水侵量、水侵程度和水侵速度的过程。2-2 层组探明地质储量 $36.14 \times 10^8 m^3$，可采储量 $19.52 \times 10^8 m^3$，包含 6 个砂体，砂体含气面积 $1.66 \sim 2.60 km^2$。截至 2019 年底，累计投产井 12 口，累计产气量 $4.38 \times 10^8 m^3$，采出程度 22.44%。

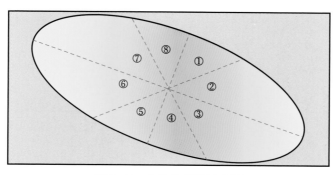

图 3-61　方位分界线示意图

①—北东向；②—东北向；③—东南向；④—南东向；⑤—南西向；⑥—西南向；⑦—西北向；⑧—北西向

- 153 -

1. 水侵量

涩北一号气田 2-2 层组水侵量 $122.29 \times 10^4 m^3$，其中 2-2-1 和 2-2-4a 砂体水侵量较大，分别为 $57.81 \times 10^4 m^3$ 和 $30.62 \times 10^4 m^3$。从方向上看，方位①、方位③和方位⑦水侵量较大。

表 3-6　涩北一号气田 2-2 层组砂体水侵量　　　　　（单位：$10^4 m^3$）

砂体	方位①	方位②	方位③	方位④	方位⑤	方位⑥	方位⑦	方位⑧	合计
2-2-1	8.80	7.41	10.41	5.38	5.06	8.06	9.34	3.35	57.81
2-2-2	3.46	3.15	3.29	2.22	1.81	3.85	4.43	1.42	23.63
2-2-3a	0.49	0.31	0.46	0.14	0.26	0.38	0.33	0.17	2.54
2-2-3b	0.77	0.51	0.86	0.40	0.40	1.21	1.28	0.12	5.55
2-2-4a	5.66	3.82	6.23	3.34	2.34	3.50	4.26	1.47	30.62
2-2-4b	1.45	1.34	1.42	0.81	0.79	1.36	1.53	0.61	9.31
合计	20.63	16.54	22.67	12.29	10.66	18.36	21.17	7.14	129.46

2. 水侵程度

2-2 层组平均水侵面积占原始含气面积的比例为 29.5%（表 3-7）。从砂体上看，2-2-2 和 2-2-4a 砂体水侵面积和所占比例较大；从方向上看，方位④、方位⑤水侵面积占原始含气面积的比例较大（表 3-7）。

表 3-7　涩北一号气田 II-2 层组水侵面积占原始含气面积比例　　（单位：%）

砂体	方位①	方位②	方位③	方位④	方位⑤	方位⑥	方位⑦	方位⑧	平均
2-2-1	18.6	13.3	10.6	14.6	15.5	11.1	7.2	10.7	12.7
2-2-2	38.1	31.0	35.7	55.6	48.6	45.6	40.6	38.5	41.7
2-2-3a	24.9	17.2	30.4	22.6	42.8	24.5	16.9	14.7	24.3
2-2-3b	34.2	23.7	32.7	37.2	37.2	44.7	53.0	23.7	35.8
2-2-4a	42.2	32.2	64.4	51.7	48.1	44.2	42.9	25.3	43.9
2-2-4b	10.2	11.7	9.7	23.7	29.8	22.6	21.9	18.2	18.5
平均	28.0	21.5	30.6	34.2	37.0	32.1	30.4	21.9	29.5

3. 水侵速度

1）水侵距离分布

截至 2018 年，6 个砂体总体上在方位③的水侵距离最远，平均达 1301m；方位⑧的水侵距离最近，平均只有492m。对于单砂体而言，2-2-4a砂体在方位③的水侵距离最远，为2879m；2-2-1砂体在方位⑧的水侵距离最近，为269m，同砂体水侵距离方位级差最高为5.3，最低为2.0，平均为3.4（表3-8）。

表3-8 涩北一号气田2-2层组水侵距离

序号	砂体	各砂体方位累计水侵距离（m）									方位		距离级差
		①	②	③	④	⑤	⑥	⑦	⑧	均值	最大值方位	最小值方位	
1	2-2-1	789	563	481	444	470	430	294	269	468	①	⑧	2.9
2	2-2-2	1553	1250	1570	1773	1499	1850	1677	939	1514	⑥	⑧	2.0
3	2-2-3a	959	659	1298	631	1278	919	642	331	840	③	⑧	3.9
4	2-2-3b	1208	795	1225	976	981	1646	2082	486	1175	⑦	⑧	4.3
5	2-2-4a	1595	1154	2879	1479	1366	1657	1657	543	1541	③	⑧	5.3
6	2-2-4b	351	393	354	617	795	789	792	382	559	⑤	①	2.3
	平均	1076	802	1301	987	1065	1215	1191	492	1016	③	⑧	3.4

2）水侵速度分布

2-2-2、2-2-3b、2-2-4a砂体水侵速度较大，2-2-3b、2-2-4a在2015年达到峰值，2-2-2砂体在2016年达到峰值。单砂体的方位水侵速度以方位③、方位⑥和方位⑦较高。

2-2层组砂体的水侵详细情况如图3-62至图3-65所示。

表3-9 涩北一号气田2-2层组平均水侵速度分布 （单位：m/d）

砂体	方位①	方位②	方位③	方位④	方位⑤	方位⑥	方位⑦	方位⑧
2-2-1	0.40	0.29	0.24	0.23	0.24	0.22	0.15	0.14
2-2-2	0.79	0.63	0.80	0.90	0.76	0.94	0.85	0.48
2-2-3a	0.49	0.33	0.66	0.32	0.65	0.47	0.33	0.17
2-2-3b	0.61	0.40	0.62	0.50	0.50	0.84	1.06	0.25
2-2-4a	0.81	0.59	1.46	0.75	0.69	0.84	0.84	0.28
2-2-4b	0.18	0.20	0.18	0.31	0.40	0.40	0.40	0.19
均值	0.55	0.41	0.66	0.50	0.54	0.62	0.61	0.25

对涩北气田典型水侵层组采用同样的方法，评价水侵面积占原始含气面积的比例达到30%以上（图3-66），边水整体上非均匀推进，局部沿高渗带向气井快速舌进，水侵程度最大的方向是北部和东北部。边水推进速度最快的方向是西南部，水侵速度与采气速度线性相关。

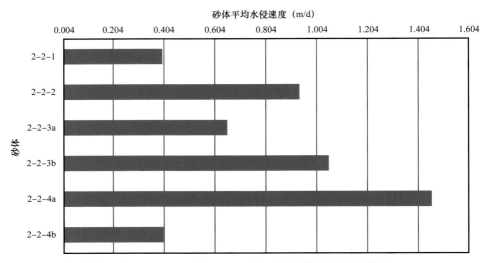

图 3-62 涩北一号气田 2-2 层组砂体平均水侵速度分布

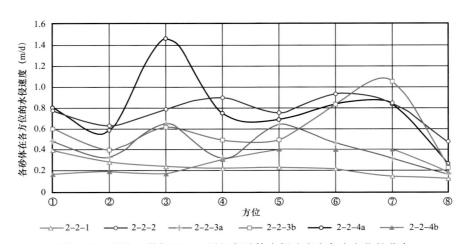

图 3-63 涩北一号气田 2-2 层组各砂体水侵速度在各个方位的分布

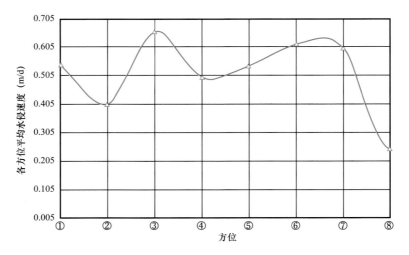

图 3-64 涩北一号气田 2-2 层组平均水侵速度在各个方位的分布

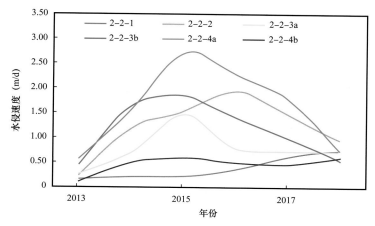

图 3-65　涩北一号气田 2-2 层组各砂体平均水侵速度变化规律分布

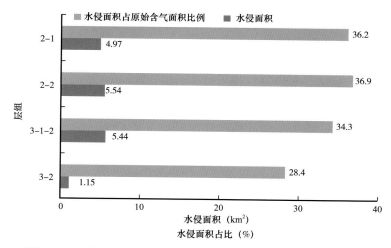

图 3-66　涩北二号气田各层组水侵面积及其占原始含气面积比例

二、剩余气分布研究

1. 剩余气分布规律

本次研究主要根据数值模拟计算结果来开展剩余气分布规律研究。

从各套层组主要单砂体原始储量丰度与目前剩余气储量丰度对比情况来看，剩余气分布与原始储量丰度、开发程度、水侵程度等多种因素都有关系。剩余气分布主要有以下几个特点：

1）构造高部位是剩余气分布的主要区域之一

从各个单砂体原始储量丰度与目前储量丰度的对比情况来看，大部分气层的构造高部位都有一定规模的剩余气。这主要与气藏构造简单、断层不发育有关，另外，高部位距离边水距离也较远，而水侵方式主要是边水整体平行推进，高部位基本不受水侵影响。因此，总体来看，高部位剩余气储量丰度一般高于边部（图 3-67，图 3-68）。

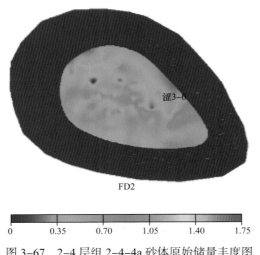

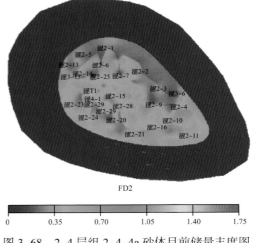

图 3-67 2-4 层组 2-4-4a 砂体原始储量丰度图   图 3-68 2-4 层组 2-4-4a 砂体目前储量丰度图

2）原始储量丰度高是剩余气富集的基础

原始储量丰度较高的区域，如果开发程度不高，一般来说剩余气储量丰度也较高。而原始储量丰度较低的区域，无论开发程度高或者低，剩余气储量丰度都较低。也就是说，原始储量丰度高是剩余气富集的基础。

3）开发程度与水侵程度对剩余气的分布有着重要影响

以 2-4 层组的 2-4-1 层为例进行说明。该层除了个别井区储量丰度稍低外，其主体区原始储量丰度在 $1 \times 10^8 m^3/km^2$ 左右，西北部开发井较多而东南部较少。从目前剩余气储量丰度分布情况来看，开发程度较低的东南部剩余气储量相对较多，而开发程度较高的西北部相对较少（图 3-69，图 3-70）。

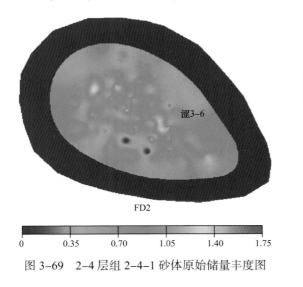

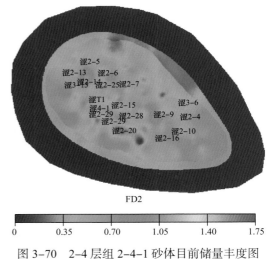

图 3-69 2-4 层组 2-4-1 砂体原始储量丰度图   图 3-70 2-4 层组 2-4-1 砂体目前储量丰度图

剩余气储量丰度还受到水侵强弱的影响。比如 2-4 层组的 2-4-3 层，该层尽管东南部开发井较少，但由于该区水侵严重，因此剩余气储量相对较少（图 3-71，图 3-72）。

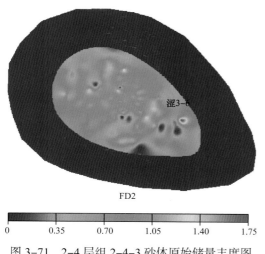

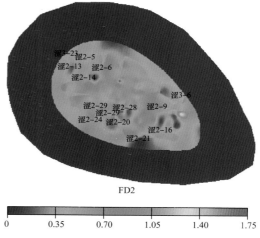

| 图 3-71 2-4 层组 2-4-3 砂体原始储量丰度图 | 图 3-72 2-4 层组 2-4-3 砂体目前储量丰度图 |

2. 剩余气分类评价

目前气藏采出程度较低，各个层组还有较多的剩余气储量。采用储量丰度和含水饱和度综合对剩余气储量进行分类评价，为气藏后期调整提供依据。

根据气井实际生产情况，结合原始储量丰度，认为当含水饱和度较高时，尽管初期有一定的产气量，但由于产水量迅速增加，因此产气量会很快降低。研究认为，无论剩余气储量丰度大小，只要含水饱和度不小于 65%，这些剩余气储量是很难被有效动用的，这类储量定义为Ⅳ类，为不可动用剩余气储量；此外，其余的剩余气储量根据储量丰度大小，由好到差依次定义为Ⅰ类、Ⅱ类、Ⅲ类剩余气储量（表 3-10）。

表 3-10　剩余气储量分类评价标准

评价类别	储量丰度（$10^8m^3/km^2$）	含水饱和度（%）
Ⅰ	>1	<0.65
Ⅱ	0.6~1	
Ⅲ	<0.6	
Ⅳ	—	≥0.65

表 3-10 中，Ⅰ类、Ⅱ类剩余气储量丰度较高，是调整部署应该优先考虑的；Ⅲ类剩余气储量丰度较低，在调整部署时应兼顾考虑；Ⅳ类剩余气储量不可动用，调整部署不再考虑。

根据以上评价标准，对 2-4 典型层组剩余气储量进行分类评价，2-4 层组剩余气以Ⅲ类为主，占比 46.6%；Ⅳ类次之，占比 29.5%，这是因为该层组水侵较为严重，因此Ⅳ类所占比例较多；Ⅱ类再次之，占比 20.2%；Ⅰ类最少，占比 3.7%（图 3-73，图 3-74）。其中，品质较好的Ⅰ类、Ⅱ类主要分布于 2-4-1、2-4-2、2-4-3。

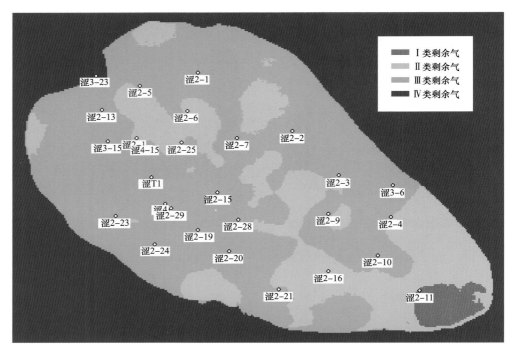

图 3-73　2-4-1 层剩余气储量分类评价图

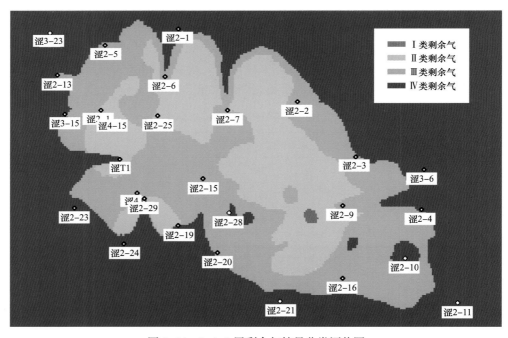

图 3-74　2-4-3 层剩余气储量分类评价图

三、综合治水研究

利用气藏数值模拟的方法对涩北二号气田 2-1 层组措施效果进行预测，制定四种可供选择的治水方案，预测期限 15 年。

2-1 层组探明地质储量 $117.12 \times 10^8 m^3$，可采储量 $62.31 \times 10^8 m^3$，包含 10 个砂体，砂体含气面积 $0.77 \sim 2.80 km^2$。截至 2019 年底，累计投产井 41 口，累计产气量 $24.97 \times 10^8 m^3$，采出程度 40.07%。

方案 1 基础方案：按照生产压差控制的方式在目前井网布置及工作制度下继续开采。预测结果：采气速度 1.52%，年产气 $1.78 \times 10^8 m^3$，预测期末累计产气量 $38.09 \times 10^8 m^3$，累计产水 $126.81 \times 10^4 m^3$，预测期末采出程度 61.13%（图 3-75，图 3-76）。

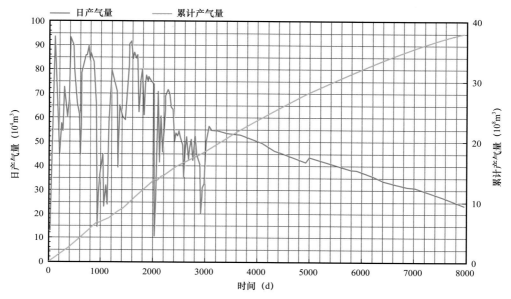

图 3-75 涩北二号 2-1 层组方案 1 产气量预测曲线

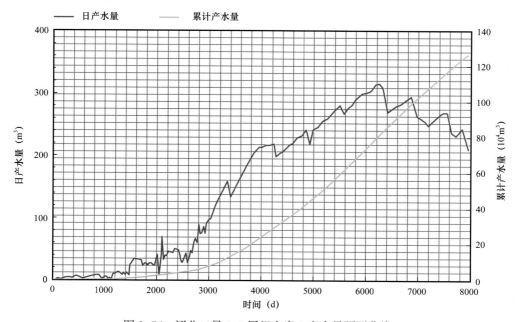

图 3-76 涩北二号 2-1 层组方案 1 产水量预测曲线

方案 2 控水方案：在基础方案的基础上，关闭低产且高水气比的水侵井，降低压降速度，减缓边水推进。预测结果：采气速度 1.44%，年产气 $1.69 \times 10^8 m^3$，预测期末累计产气量 $37.6 \times 10^8 m^3$，累计产水 $117.0 \times 10^4 m^3$，采出程度 60.34%（图 3-77，图 3-78）。

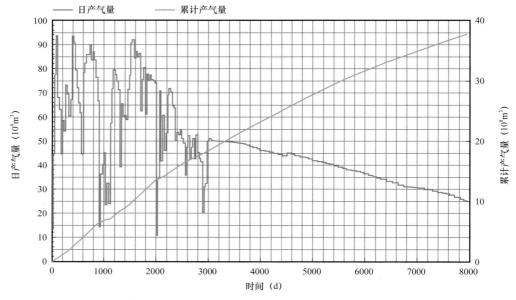

图 3-77　涩北二号 2-1 层组方案 2 产气量预测曲线

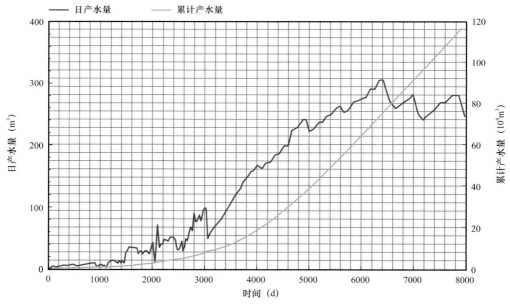

图 3-78　涩北二号 2-1 层组方案 2 产水量预测曲线

方案 3 控水合理配产方案：在方案 2 的基础上，进行合理配产，对低部位与高部位气井适当调整，特别是边部且压降速度快的水侵井适当采速降低限制产量。方案 3 条件下 2-1 层组的产气量和产水量预测曲线分别如图 3-79 和图 3-80 所示。

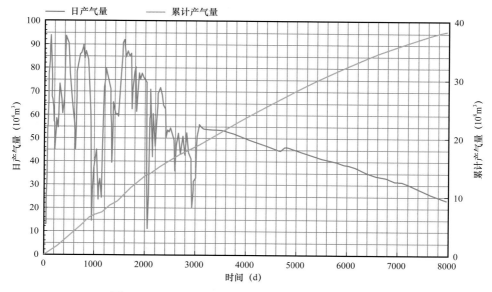

图 3-79　涩北二号 2-1 层组方案 3 产气量预测曲线

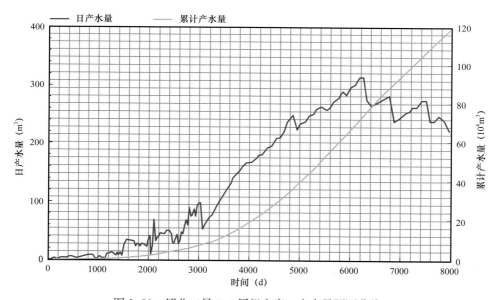

图 3-80　涩北二号 2-1 层组方案 3 产水量预测曲线

　　方案 4 排水采气方案：在方案 3 的基础上，对气藏内部的积液井进行泡排等排水采气等措施，并利用气藏边部的报废井和高产水、低产气的水侵气井，在水侵的主要方向以目前产水量的 3 倍进行边外强排水作业，阻断一定量的边水去路，释放边水能量，减缓边水推进速度，保护好气藏内部少受边水侵害，采出部分水淹区的剩余气。方案 4 条件下 2-1 层组的产气量和产水量预测曲线分别如图 3-81 和图 3-82 所示。

　　从以上四个方案开发指标对比来看（表 3-11），方案 4 的开发指标要优于其他三个方案，水侵面积也小于其他方案。因此，涩北二号气田 2-1 层组应进行排水采气，延缓边水推进速度。

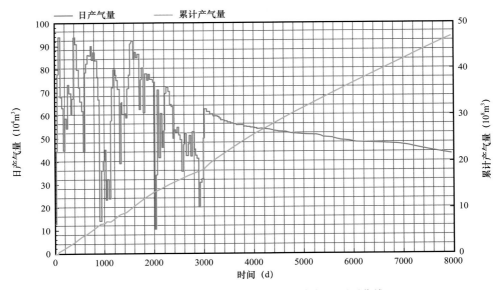

图 3-81 涩北二号 2-1 层组方案 4 产气量预测曲线

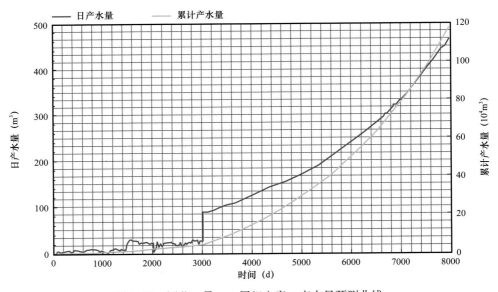

图 3-82 涩北二号 2-1 层组方案 4 产水量预测曲线

表 3-11 方案指标对比表

方案	采气速度 （%）	稳产时间 （年）	预测期末累计产气量 （10^8m^3）	预测期末累计产水量 （10^4m^3）	预测期末采出程度 （%）
1	1.52	2	38.09	126.81	61.13
2	1.44	2.5	37.6	117.04	60.34
3	1.51	2	38.32	118.59	61.50
4	1.6	3	46.84	169.45	75.17

参 考 文 献

董平川，牛彦良，李莉，等．2007.各向异性油藏渗流的有限元数值模拟［J］.岩石力学与工程学报，26（S1）：2634–2640.

李勇，胡永乐，李保柱，等．2008.碳酸盐岩油藏三重介质油藏数值模拟研究［J］.石油天然气报，30（2）：119–123.

杨军征．2011.基于有限元法的油藏开发数值模拟［J］.新疆石油地质，32（1）：54–56.

袁士义，冉启全，胡永乐，等．2005.考虑裂缝变形的低渗透双重介质油藏数值模拟研究自然科学进展，15（1）：77–83.

Anderson R N，Boulanger A，He W，et al. 2004.Petroleum reservoir simulation and characterization system and method：US 6826483 B1［P］.

Ding Y，Lemonnier P.1995.Use of corner point geometry in reservoir simulation［C］. International Meeting on Petroleum Engineering，SPE29933.

Gao C F，Zhang H J，Yang W X，et al. 2008. Development of three-dimensional and two-phase numerical reservoir simulation software for non-linear fluid flow through porous medium［J］. Journal of Wuhan University of Technology，30（2）：122–124.

Gunasekera D，Cox J，Lindsey P.1997.The generation and application of K-orthogonal grid systems［A］.SPE37998.

Kurc T，Catalyurek U，Zhang X，et al. 2010. A simulation and data analysis system for large-scale，data-driven oil reservoir simulation studies：Research Articles［J］.Concurrency & Computation Practice & Experience，17（11）：1441–1467.

Pedrosa O A，Aziz K.1986. Use of a hybrid grid in reservoir simulation［J］.SPE Reservoir Engineering，1（6）：611–621.

第四章　气藏出水防治技术及应用

涩北气田 25 年的开发实践表明，开发早期的防水、控水和中后期的排水、堵水是实现气田平稳生产和持续稳产的根本举措。这是此类气藏客观的富水地质条件决定的，也是多层气藏开发的不均衡性造成的。气井出水和气藏水侵的防治是充分利用动、静态资料，在气井出水及气藏水侵原因与过程分析的基础之上，梳理其共性特征而制定的针对性综合防治方案：一是针对气井出水进行井筒积液的早期诊断，采取封堵水层降低地层出水量，或通过排水采气工艺技术应用降低井筒液柱高度而引起的压损，从而改善出水气井开发效果；二是针对全气藏或单个开发单元采取综合治理，即构造高部位的井采取优化配产（差异化配产），减少局部压降漏斗的出现，利用边部近距边水的气井或气水过渡带的气井进行强排，以减缓边水向气藏中部推进的速度，力求从全气藏控水的角度实现边水的均衡推进和气藏的均衡开发。综上所述，此类气藏出水防治是一个"由点到面、点面结合"的系统工程，也可谓微观和宏观、局部和整体综合施策的技术对策。

第一节　出水防治原则与综合施策

一、防控与治水原则

多层疏松砂岩气藏治水的基本原则是在室内水侵机理研究和矿场水侵实践认识的基础上，以气水运动规律认识及气水分布动态描述为根本，实施对边部水体水侵的"立体监控"，采取有效措施使边水均衡推进，以提高边水对气层的驱扫效率为出发点，坚持"控、排、堵"三者结合，立足排采、砂水同治，地面脱水净化、废水处置、综合施策的原则，最终达到控制水侵突进速度、延缓含水上升速度、提高气藏采收率的目的。

在遵循治水原则的同时，既要充分考虑受储层物性影响，各砂体、各方向边水推进的速度不一致的客观条件，又要充分认识多层气藏边水的推进速度还取决于采气速度，由此制定治水方案时还要考虑均衡采气、优化配产，力促各井区、各小层采出程度和压降水平的相对一致，以减少压降漏斗的形成，差异化配产至关重要，这也是"防、控"边水突进的重要手段。

由于各井、各层的出水特征不同，应根据不同的出水特征，结合"堵、排"等主要技术手段，将措施对策落实到井、层，统筹考虑，制定多层气藏治水技术路线（图 4-1），稳步实施以达到控制水侵速度，延缓产量递减的目的。

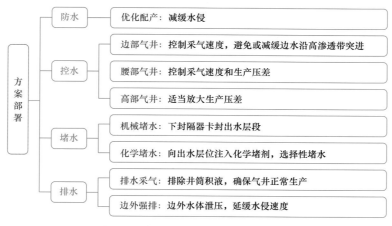

图 4-1　多层气藏防水治水技术路线图

二、综合施策方案对比

充分利用产出剖面等气井生产动态监测资料，通过对多层气藏各层组或各射孔单元，甚至各小层的采出程度、压降及水侵状况分析，充分考虑各开发单元的物性、储量、面积等静态地质特征，提出三套综合治水技术对策（表 4-1）。

表 4-1　多层水侵气藏防、治水综合施策方案对照表

方案名称	综合施策主要工作	方案设计说明	优点	缺点
方案一	主动控水 + 部分排水 + 堵水（均衡调控、泡排、现有氮气橇装气举、堵水）	维持现状。完全利用现有机组设备。以泡排为主，间歇气举为辅（不超过 80 井次 / 年）	现有设备已满足需求，投资较少	因不能完全满足气田气举工作量的需求，导致停躺、积液井数大幅度增加
方案二	主动控水 + 藏内排水 + 堵水（均衡调控、泡排、现有氮气橇装气举、租赁橇装气举、堵水）	租赁设备完全满足间歇气举需要，连续气举无工艺可满足	能够满足所有间歇气举的工作量	①因不能实施连续气举导致停躺、积液井数增加；②间歇气举工作量较大，租赁设备所需费用高
方案三	主动控水 + 藏内排水 + 堵水 + 边部井强排（均衡调控、泡排、现有氮气橇装气举、站内增压气举、堵水、边部井强排）	在现有机组设备的基础上，实施站内集中增压气举，选择典型层组开展边部井强排实验	①实施连续气举，气田每年停躺井数受控，稳产期延长，采收率更高；②实施边部井强排实验，为气田后期排水提供技术储备	①一次性投资较高；②地面建设工作量较大

1. 藏内排水

排水井以优化管柱为基础工艺，轻微积液井以间歇泡排为主，中等积液井以间歇气举 + 间歇泡排为主，严重积液井以集中增压气举 + 井间互联为主。工艺类型逐步由泡排向强排过渡（表 4-2）。

表 4-2 不同治水工艺推荐依据对比表

R_q 取值范围		相应措施	诊断结果
$0.8 \leq R_q < 1$		间歇泡排	轻微积液
$0.6 \leq R_q < 0.8$		间歇气举 + 间歇泡排	中等积液
$R_q < 0.6$	$0.3 \leq R_q < 0.6$	以井间互联 + 间歇气举为主，以间歇泡排或连续泡排为辅	中等积液
	$0 \leq R_q < 0.3$	以集中增压气举 + 井间互联为主，以间歇气举为辅	严重积液

注：临界携液流量比（R_q）= 实际日产气量 / 临界携液流量。

利用临界携液流量比预测积液情况。回归气田各单井临界携液流量比与时间的关系，均呈指数递减，可建立预测模型。

1）泡排

（1）连续泡排。

选井条件：临界携液流量比在 0.3～0.6 之间，日产水量不大于 30m³，主要位于构造边部位，积液较严重，生产管理过程中气井泡排周期短、频次高。

（2）间歇泡排。

选井条件：临界携液流量比在 0.6～0.8 之间，日产水量不大于 30m³。

2）气举

（1）井间互联气举。

临界携液流量比在 0～0.3 之间，严重积液、轻微或中度出砂，储备有高压气源井；距增压站较远的井，挑选暂未明显水侵、压力相对较高的邻井作为气源井。

（2）橇装气举。

根据临界携液流量比的变化趋势预测需要气举的井，即临界携液流量比为 0.3～0.8，中等积液井，辅助间歇泡排；临界携液流量比小于 0.3 的井不易实施连续气举而停躺。利用氮气车，每台每年可实施气举 40 井次；选择增产气量大的井优先实施，也可实施间歇气举，或距增压站近，利用站内高压气源。

（3）站内集中增压气举。

按照气藏整体治理、统一规划、分步实施的原则，以气藏工程预测的产气、产水、地层压力等数据为基础，计算未来几年各井的临界携液流量比，选择临界携液流量比为 0～0.3、受水侵影响的停产井或问题井。

各气田选择一个总站集中增压，辐射各小站，单井就近接入，考虑管损因素，距离集中增压气举站原则控制在 2km 范围内。主要针对橇装气举时增产气量明显，但因产水量大停举即停产的井。

2. 主动控水

1）产量调配

产量调配是根据各气田实际生产能力，考虑储采比，把年度产销任务分配到各区块，在各区块确定产量任务的情况下预测年度产能递减率目标值和气井完好率目标值，最后将目标值劈分到各月份、各层组。

根据各区块实际生产能力、储采比等指标，分配各区块的产量并测算递减率，最终使全气田递减率降到最低。在气田可调整总气量的基础上，降低已水侵、递减快、采速高层组的年产气量，提高未水侵、递减慢、采速低层组的年产气量，对各层组的产量进行优化调整。

2）开关井优化

层组间开关井原则：若层组需气井全开或全关，以边水水侵程度和递减率大小为主制定开关顺序。

（1）以边水水侵情况作为开关井总体衡量标准，即已水侵层组先开后关，未水侵层组后开先关。

（2）若同为未水侵层组，依据递减率大小确定开关顺序，即递减率低的层组先开后关。

（3）若同为已水侵层组，水侵严重层组先开后关，水侵程度相当，递减率高的层组先关后开。

3）单井合理配产

综合考虑地层能量最大化产量、协调产量、临界携液流量，确定气井的合理配产区间。对构造部位、采气速度、水侵、出砂、递减率等因素分别赋值，根据综合得分确定气井合理产量。

3.边部井强排

全面实施集中增压气举，满足单点、整体强排的条件，根据集中增压气举规划，选择水侵严重的层组开展整体强排。在水侵前缘开展主动排水，减弱边水水体能量，减缓边水推进速度。如涩北二号气田 2-2、3-2 层组已水侵，水侵速度分别为 0.40m/d、0.41m/d，水驱指数分别为 0.30、0.39，均属强水驱气藏。所以，针对边水水侵严重的开发层组，利用其构造边部积液水淹井实施强排水措施，提高排水量来降低边水能量和向气藏中部指进或推进速度，减缓边水对构造高部位气井的侵害。

第二节　气井积液与气藏水侵识别

气田开发进入中后期面临与日俱增的气井出水问题，解决该问题的主体技术是排水采气。如何提高排水采气效果，需要结合水侵状况、剩余储量丰度，配套完善井筒和地面设备设施等，特别是把井筒积液更有效、更经济地排出来维护气井带水正常生产，就需要采用有针对性的排水采气工艺技术，首先要进行气井积液诊断，然后依据诊断结果对症下药。进行排水采气的气井，通常井口压力较低，无法进入正常的天然气集输处理系统，必要时需增压外输。

一、气井积液过程及危害

天然气从地层到地面处理装置要经过三个过程：一是从地层渗流到井底，流体在多孔介质中流动，该过程要克服地层阻力流向井底；二是从井底到井口，流体在垂直井筒中流动，该过程中需要克服流体重力、摩擦阻力到达井口；三是经过井口装置和地面集输管网到处理装置进行脱水、脱烃、脱硫净化处理。

随着天然气被采出，气藏压力不断下降，不容置疑，边水会在水体与气藏之间形成的压差作用下侵到气藏中。对处于靠近边水的气井，生产过程中会有一定量的水进入井底。开发初期，地层能量充足，气流随时可以把液体带出井筒，随着地层压力下降，气流携液能力减弱，液体在井底逐渐聚集，对产量会造成很大的影响。根据生产现场统计，在生产制度不变的情况下，平均单井日产水由 $0.83m^3$ 增加到 $6.11m^3$，平均单井日产气由 $5.46 \times 10^4 m^3$ 下降到 $3.33 \times 10^4 m^3$，平均下降幅度39%。

多数气井在初期带水稳定生产时井筒内的流态为带液膜环雾流，液体以液滴的形式被气体携带到地面。在天然气开采中，随着气藏压力和天然气流动速度的逐步降低，不能提供足够的能量带出井筒中的液体时，液滴将下沉，落入井底形成积液（图4-2），增加对气层的回压，限制气井的生产能力（气体在积液中形成泡状流）。当井筒积液量太大，超过气井携液能力时，可压死气井使其完全丧失生产能力。

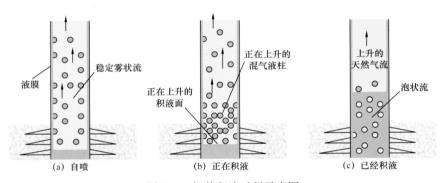

图 4-2 气井积液过程示意图

气井产水后，气液两相管流的总能量消耗将显著增大，气井自喷能力减弱，并随着气藏采出程度和产水率的增加，气体携液能力会越来越差，当气相不能提供足够的能力使井筒中的液体被连续带出时，井筒中将积液。

现场生产统计数据及实验数据都表明气井出水会产生危害。气井积液危害集中表现在四个方面：（1）气藏水侵后，在地层中形成气水两相渗流，降低了气相渗透率，使气层受到伤害，渗流过程中压力损失增大，产气量迅速下降，提前进入递减期；（2）井筒积液后，管柱内形成气、水两相流动，压力损失增大，地层能量损失也增大，导致气井由自喷带水采气逐渐恶化而转为间歇生产，最后因积液严重而水淹停产；（3）边水侵入气藏，可能对气藏产生分割，形成死气区，使最终采收率显著降低。一般弹性气驱气藏最终采收率可达80%～90%，水驱气藏因气水两相流动和低渗透区的气受水侵封隔作用而采不出来，采收率仅为40%～50%；（4）地层水中含有酸性成分和 Cl^- 等腐蚀介质，易造成井下工具、设备管道腐蚀、磨损及穿孔等，严重威胁气井的正常生产和寿命。

在进行排水采气之前要分析判断水的来源，特别是要对多层合采和多层分层开发的井进行产气剖面测试，了解每个产层的产气及产液情况，有针对性地进行堵、排水措施。

二、气井井筒积液判别

气井靠自身能量携液是最经济、最简单的排液方式，尽量延长自喷采气期是每个气田都遵循的基本原则。过早采取排水采气措施不能够充分地利用地层的能量，加大了投入成本；而过晚采取排水措施又会导致气井积液，给气田带来严重危害。因此，准确预测及诊断气井是否积液，可以适时采取合理有效的排水采气措施，提高气井排液能力，达到延长气田稳产期的目的。

目前，判断气井是否存在积液的方法主要有：生产数据对比分析法、实测压力梯度曲线法、携液理论模型法等判断方法（表4-3）。

表4-3　气井积液诊断方法

诊断方法	方法原理	特点
生产数据对比分析法	对比日常产液、产气数据及油套压差变化，与正常生产数据相比较，若产量数据出现明显异常情况，可判断积液；另外，对没下生产封隔器的井，关井后长时间油套压不平衡，则可判断积液	经验方法需要有长时间积累，发现时气井已经积液，不能够提前进行预测把握排水时机
实测压力梯度曲线法	生产过程中下入电子压力计进行井筒压力剖面测试，根据压力梯度的变化判识井筒是否积液	诊断准确，但不能长期连续监测，发现时气井已经积液
携液理论模型法	将实际的生产数据与计算的临界产量相比较，若实际产量大于临界产量，气井不积液，否则气井积液	可以通过监测产量来诊断气井的积液，有完善的理论模型，使用方便

采用生产数据对比分析法，确定气井积液临界点，根据临界点的实际产量，优选合理的临界携液模型。通过研究和实践，总结出以下几种比较直接的判断方法：一是产气量和套管压力波动；二是油管压力梯度增高；三是油管压力与套管压力出现剪刀差。

气井在生产的过程中存在一个临界流量，当实际的产量大于临界流量时，气井可以依靠自身的能量将产出的地层液带出地面，而不会给气井带来严重的危害；但当气井的产量小于临界流量时，无法带出的地层液落入井底形成积液。

1. 临界携液流量计算

常见的临界流速模型有Duggan模型、Turner模型、Coleman模型、Nosseir模型、李闽模型、杨川东模型。根据涩北气田气井临界携液模型优选，选择李闽模型来进行积液预测，李闽模型通用公式如下：

临界流速：

$$V_g = 2.5 \left[\frac{\sigma(\rho_L - \rho_g)}{\rho_g^2} \right]^{\frac{1}{4}} \qquad (4-1)$$

临界流量：

$$q_{sc} = 2.5 \times 10^4 \times \frac{pAV_g}{TZ} \qquad (4-2)$$

式（4-1）和式（4-2）中：V_g 为临界流速，m/s；q_{sc} 为临界流量，$10^4m^3/d$；A 为油管截面积，cm^2；p 为油管流压（井底或任意点的压力），MPa；T 为油管流温（井底或任意点的温度），K；Z 为 p 和 T 条件下的气体偏差系数；ρ_L、ρ_g 分别表示液体和气体的密度，g/cm^3；σ 为界面张力，mN/m。

资料缺乏时，以下数据可供参考：水的 σ_w=60mN/m；凝析油的 σ_o=20mN/m。

2. 现场气井积液分析

1）生产曲线分析

气井生产过程中，产水量快速上升，产气量下降幅度较大，继续生产经过一段时间后，气、水产量又有下降趋势，气井可能积液。如图 4-3 所示，该井于 2007 年 8 月含水上升，到了 10 月份油套压差变大、油压急剧下降，井口产水量随之下降，此时井筒积液，之后通过泡排工艺，气井产水时高时低，代表井内积液高度时高时低，呈生产不稳定，气井积液速度和产水量逐年升高，2009 年 4 月关井。而后采取气举排水采气工艺维持生产，但是油套压、产气量持续下降，产水时高时低。

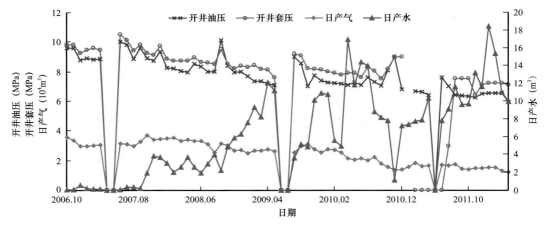

图 4-3　典型积液气井生产动态变化指示曲线

2）油套压差对比

气井生产过程中油压下降，套压上升，出现剪刀差；无封隔器的井，长时间关井油套压不平衡，如图 4-4 所示。2005 年 11 月，该井快速水淹关井，2006 年 7 月更换小直径油管恢复生产，在 A 阶段，油套压差平均在 1.2MPa 左右，B 阶段在 1.1MPa 左右，C 阶段也在 1.15MPa 左右，根据积液分析该井已经严重积液。

3）实测压力梯度分析

根据现场不同时间进行的不同深度流压测试数据，绘制不同时间不同深度压力梯度曲线图，判断气井积液时间与积液高度。

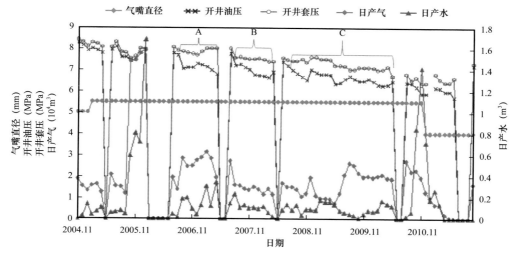

图 4-4　典型出水气井油套压差判断气井积液

以涩北一号气田涩 0-12 井压力梯度测试为例，该井于 2015 年 1 月 22 日进行了流压测试，在 400m 处出现拐点（图 4-5），压力梯度由 0.15MPa/100m 开始增大，到产层中部的流动压力梯度达到 0.34MPa/100m。该井的日产气量和日产水量分别是 $0.94 \times 10^4 m^3$ 和 $1.53 m^3$，说明井底已经积液。且该井油套压差由 0.7MPa 上升至 0.9MPa，日产气量由 $1.10 \times 10^4 m^3$ 降至 $0.94 \times 10^4 m^3$，日产水量由 $3.83 m^3$ 降至 $1.53 m^3$，进一步说明气井携液不畅而积液。

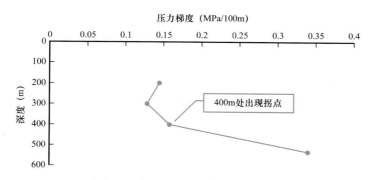

图 4-5　涩 0-12 井压力梯度测试图

4）软件模拟分析

当气井开始积液时，气井井筒流态由雾状流转化为段塞流时，井底持液率增大、井筒持液率损失增大。利用 Wellflo 软件进行气井当前生产情况下的计算、模拟，了解气井的单相和气液两相的流动状态及井筒内持液率变化，判断气井的流态，从而判断气井即将积液、正在积液、严重积液等状况。

3.积液判断标准

根据生产气井井口条件，运用油套压差、临界携液流量计算（李闽模型）、压力梯度曲线等对气井进行积液判断，并建立积液判断标准（表 4-4），以提前预测气井积液状态（包括未积液、临近积液、正在积液和严重积液），为及时采取有效的排水采气措施奠定基础。

表 4-4　积液分析的判断标准对比表

判断标准	范围	积液情况
油套压差（MPa）	<0.25	未积液
	0.25～0.5	轻微积液
	0.5～0.75	中等积液
	>0.75	严重积液
临界携液流量比（R_q）	>1	不积液
	0.8～1	轻微积液
	0.6～0.8	中等积液
	<0.6	严重积液
综合判识	油套压差>0.25MPa；R_q<1	积液
	油套压差<0.25 MPa；R_q>1	未积液
	油套压数据不全，井下节流	无法判断

三、气藏水侵早期识别

1. 水侵识别技术方法

1）生产经验法

气藏水侵监测最常用的手段：一是定期取水样进行测定，通过分析产出水含量的变化，或者根据地层水与凝析水水型及矿化度等方面的不同分析其来源，进而判断水侵是否发生。气藏形成过程中在气藏的中低部位容易残存部分层内水，其水型和矿化度与边水类似，通过水样测定较难区分。二是分析气藏水气比变化曲线，如 A 气藏早期水气比上升不明显，但在采出程度达到 44% 后水气比急速上升（图 4-6），明显受边水水侵的影响。这两种方法都是在地层水进入气井之后才能进行判断，而在实际的气田开发中，更希望在地层水尚未进入气井井筒之前就能判断气藏是否有水侵，这样才能及时有针对性地采取相应措施，作好防水和治水准备。

2）压降曲线法

压降曲线法又称为视地层压力法。根据物质平衡原理（黄炳光等，2004），水驱气藏的地层压力下降规律：

$$\frac{p}{Z} = \frac{p_i}{Z_i} \frac{G - G_p}{G - (W_e - W_p B_w + \Delta X)/B_{gi}}$$

$$\Delta X = G B_{gi} \frac{C_w S_{wi} + C_p}{1 - S_{wi}} \Delta p$$

（4-3）

式中，B_{gi} 为原始条件下天然气体积系数，m^3/m^3；B_w 为地层水体积系数，m^3/m^3；G 为气藏原始地质储量，$10^8 m^3$；G_p 为累计产气量，$10^8 m^3$；p 为气藏目前地层压力，MPa；p_i 为气藏原始地层压力，MPa；W_e 为水侵量，$10^4 m^3$；W_p 为累计产水量，$10^4 m^3$；Z 为目前条件下的偏差因子；Z_i 为原始条件下的偏差因子；ΔX 为地层束缚水和岩石的弹性膨胀量。

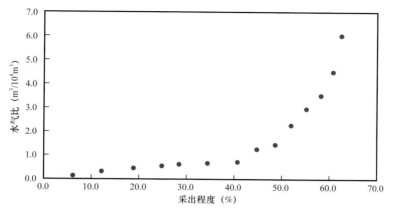

图 4-6 A 气藏水气比变化曲线图

对于正常压力系统下定容封闭气藏，$W_e=0$，$W_p=0$，忽略采气过程中地层束缚水和岩石的弹性膨胀引起的体积变化 ΔX。则式（4-3）可以简化为：

$$\frac{p}{Z} = \frac{p_i}{Z_i}\left(1 - \frac{G_p}{G}\right) \tag{4-4}$$

将式（4-3）和式（4-4）进行比较，可以看出在定容封闭气藏开发过程中的视地层压力（p/Z）与累计产气量（G_p）呈线性关系；而水驱气藏由于边水能量的补充，净水侵量的增加，气藏的视地层压力下降速度会随着累计采气量的增加而减小，视地层压力（p/Z）与累计产气量（G_p）之间会呈非线性关系。如图 4-7 所示 A 气藏的压降曲线早期水侵不明显，表现为定容封闭气藏的特征，此阶段气藏内天然气的弹性膨胀起主导作用；但在气藏达到一定的采出程度后，压降曲线出现明显上翘，此时气藏压力开始受到边水能量的补充。

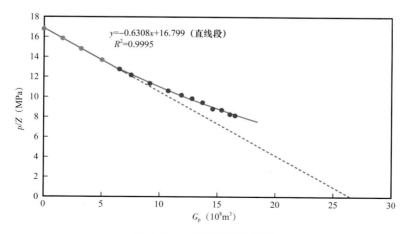

图 4-7 A 气藏压降曲线图

根据物质平衡原理和图4-7中的直线段公式可以计算出 A 气藏的动态储量为 $26.63 \times 10^8 m^3$，而气藏累计产气量达到 $9.13 \times 10^8 m^3$ 时压降曲线出现上翘的拐点，气藏开始受到水侵的影响，对应气藏采出程度为 34.3%。

3）水侵体积系数法

水侵体积系数法是陈元千教授在物质平衡方程中引入水侵体积系数的基础上而提出的。水侵体积系数（ω）实际上就是气藏的净水侵量与气藏原始含气体积的比值。对于正常压力系统下的水驱气藏，忽略岩石压缩性和束缚水膨胀性的影响，则地层相对视压力 $[\theta = (p/Z)/(p_i/Z_i)]$ 与采出程度（$R = G_p/G$）满足以下关系：

$$\theta = \frac{1-R}{1-\omega} \qquad (4-5)$$

对于水驱气藏，由于水侵体积系数 $\omega < 1$，故由式（4-5）可知，θ 与 R 之间在直角坐标图上存在的直线为倾角大于 45° 的曲线；而对于定容封闭气藏，水侵体积系数 $\omega = 0$，θ 与 R 之间在直角坐标图上存在的直线关系，倾角为 45°。如图4-8所示，A 气藏在采出程度达到 34% 以后，相对地层压力与采出程度关系曲线出现了上翘特征。

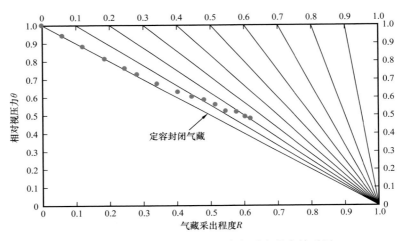

图4-8　A气藏地层相对视压力与采出程度关系图

4）视地质储量法

气藏的原始地质储量（G）是一个不会随着生产时间变化的参数，与累计产气量无关，因此在气藏物质平衡方程的基础上提出了视地质储量法来进行气藏水侵的早期识别。定义 G_a 为视地质储量，且：

$$G_a = G + \frac{W_e}{B_g - B_{gi}} \qquad (4-6)$$

对于定容封闭气藏，水侵量 $W_e = 0$，则式（4-6）可表示为 $G_a = G$，G_a 与 G_p 的关系在直角坐标图上为平行于 X 轴的直线；若水驱气藏在水驱作用下 W_e 不断增加，G_a 与 G_p 的关系将不再是一条直线。如图4-9所示，A 气藏在累计产气量达到 $6.55 \times 10^8 m^3$ 以后（对应采出程度 24.60%），曲线明显上翘。

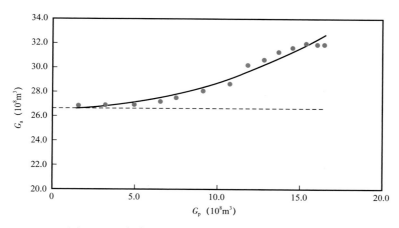

图 4-9 A气藏视地质储量与累计产气量关系曲线

2. 方法的对比与应用

经验方法，如水样监测、生产曲线法判断气藏水侵最直接，但在识别气藏水侵过程中容易受滞留层内水、作业液等因素的干扰，并且要在边水进入井筒后才能识别，无预见性，可作为气藏水侵识别的辅助手段。

随着地层压力的下降，地层束缚水与岩石的弹性膨胀量也在逐年增加，但涩北气田弹性膨胀总量较小，仅为气藏水侵量的2%，可以忽略不计。

对比水侵识别的四种方法（表4-5），水样监测及生产曲线法识别水侵比较直观，需要在气藏采出程度达到44.55%才能识别水侵。压降曲线法、水侵体积系数法、视地质储量法较现场经验法有一定的预见性，视地质储量法曲线出现上翘拐点时对应采出程度最低，仅为24.60%，能够更早发现气藏是否出现水侵的特征，较经验法对气藏水侵的识别在采出程度上能提前20%左右，因此研究区推荐采用视地质储量法。

表 4-5　不同水侵识别方法对比

识别方法	水样监测及生产曲线法	水侵体积系数法	压降曲线法	视地质储量法
优点	直观	有预见性		
缺点	无预见性	需定期进行静压测试，影响气井开井率		
水侵时采出程度拐点（%）	44.55	34.27	34.27	24.60

第三节　封堵工艺技术与应用

一、堵水工艺实施与评价

2011—2016年，堵水工作基本属于多层合采井段内，针对下段出水层的封堵，即封下采上的调层补孔作业，采用桥塞或打水泥塞的常规措施作业。共开展封堵作业试验16口井（18井次），其中效果明显的有14口井（16井次），占作业总井次的94%，累计增

气 $502.32 \times 10^4 m^3$；效果一般的有 1 口井，占作业总井次的 6%，累计增气 $1.05 \times 10^4 m^3$。封堵作业前后效果对比见表 4-6。该工艺主要用于调层时的封堵，可作为整体治水的配套工艺。

表 4-6　2011—2016 年部分井封堵作业前后效果对比表

井号	施工时间	封堵前生产情况				封堵后生产情况			
		日产气（$10^4 m^3$）	日产水（m^3）	油压（MPa）	套压（MPa）	日产气（$10^4 m^3$）	日产水（m^3）	油压（MPa）	套压（MPa）
台 1-4	2014/3/17	0	0			0	0		
台 3-1	2012/10/30	0	0	4.7		4.22	6.69	5.2	
台 3-2	2011/3/15	0	0			3.4	0.54	10.5	
台 5-10	2011/10/27	0	0			5.25	14.19	12.7	
台 5-13	2011/10/08	0	0			6.73	0.64	13.4	
台 5-15	2011/10/18	0	0			6.92	0.39	12.2	
台 5-2	2011/11/27	0	0			5.72	2.56	10.8	
台 5-5	2011/11/17	0	0			5.86	0	13.2	
台 6-31	2011/5/25	0	0			3.96	6.4	15	
	2012/3/16	0	0			3.7	3.2	13.4	
	2013/5/12	0	0			4.08	0.54	4.46	16.3
台 7-1	2013/5/15	0	0	5.1		4.01	1.93	4.9	9.3
台 H5-5	2012/9/30	0	0			2.54	1.72	11.7	
台 H5-7	2012/8/03	0	0			4.91	17.14	12.1	
台试 6	2015/10/05	0	0			0.15	0.71	4.88	9
涩 1-6	2012/9/9	0	0			1.86	0.69	6.4	6.8
涩 4-18	2011/12/7	0	0			2.45	0	9.1	9.6
涩 5-1-4	2011/5/1	0	0			2.64	0	8.9	11.8

2017—2019 年开展了新的堵水工艺试验 3 井次，其中 2 井次采用高强度复合堵剂封堵出水层，1 井次采用选择性堵水，气井均未恢复生产。目前正在组织实施台 H3-1 井选择性化学堵水试验。从堵水成效来看存在两个问题：一是借鉴其他气区开发经验，边水气田靠堵水减轻水对气井影响成效很有限，还是需要通过排水采气工艺携液采气；二是产层如果离水层很近，封堵水层技术没什么问题，但是管外因常年出砂亏空，层间互窜导致封堵水层成功率较低。采用选择性堵水，目前还难以实现封水不封气的目的。所以堵水技术在涩北气田的应用还处在探索试验阶段。

二、堵水工艺技术提升

堵水作业的前期工作是找水，只有找准出水层位，找到水窜位置和来水方向方可制定有针对性的堵水措施。所以，找水测试工作是堵水工艺实施的根本，利用产出剖面测试资料等判断出水层位是关键，有关噪声测井等找窜、验窜测试必须强化。

1. 直井

结合多层疏松砂岩边水气藏的出水特点和产剖资料，针对出水层明确的气井，采用机械方式（封隔器、桥塞）、水泥、强凝胶等封堵体系进行分层堵水（表4-7，图4-10），挖潜次非主力层的储量动用。

表4-7　三种直井堵水工艺对策汇总表

管柱情况	出水位置及出水类型	堵水工艺体系
无套变、套损	上部出水	封隔器、水泥
	下部出水	水泥塞、桥塞
	中部出水	双封单卡、强凝胶

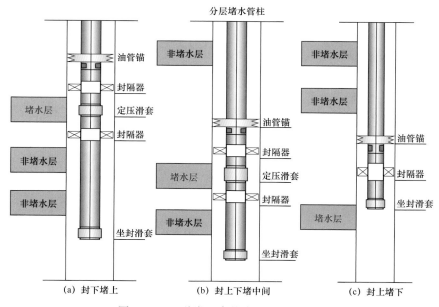

图 4-10　三种类型直井堵水工艺示意图

2. 水平井

结合涩北气田水平井筛管完井的特点，按照"保护液保护小孔道、堵剂封堵窜进大孔道、氮气注气打通道"的选择性堵水思路，开展堵水先导试验1～2井次，目前已完成堵剂的研制（表4-8，图4-11）和施工方案的研究。

表 4-8　堵剂岩心动态评价实验结果表

水相测试渗透率 K（D）		水相封堵率（%）	气相测试渗透率 K（D）		气相封堵率（%）
注入堵剂前	注入堵剂后		注入堵剂前	注入堵剂后	
0.653	0.032	95.1	1.155	0.991	14.2

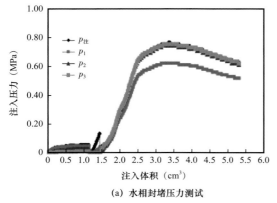
（a）水相封堵压力测试

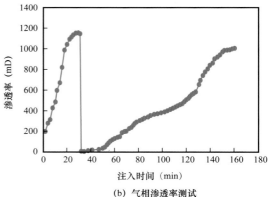
（b）气相渗透率测试

图 4-11　堵剂岩心实验对比曲线图

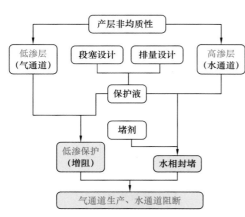

图 4-12　水平井堵水技术路线图

水平井堵水是涩北气田的重要举措，水平井单井产量高，堵水措施的有效实施将会带来巨大效益。为此，也制定了水平井堵水技术路线（图 4-12）。

目前正在组织实施台 H3-1 井选择性化学堵水试验。涩北气田气井堵水存在的主要问题是产气层和水层间隔距离较近，还有管外因常年出砂亏空，水泥环失效、层间连通会导致封堵水层成功率低。采用选择性堵水，能否实现封水不封气的目的，亟待试验攻关。

第四节　排水采气技术与应用

目前常见的排水采气方式有优选管柱排水、泡沫排水、抽油机排水、螺杆泵排水、电潜泵排水、柱塞排水采气、连续增压气举排水等，针对涩北气田气井出水伴随出砂的技术难题，现场进行了多种排采工艺探索试验，最终配套完善和推广使用了以下两种主体排采工艺技术。

一、泡沫排水采气技术

泡沫排水采气是向井筒内注入起泡剂，以降低液体相对密度，降低克服重力造成的压力损耗，提高气井的连续携液能力，降低井底流压，增大生产压差，提高气井产量。该工艺设备简单，施工简便，成本低，见效快，在积液早期的井中得到广泛的应用，在实践中也不断成熟完善。

1. 起泡剂作用原理

井底积液与起泡剂接触后，把水分散成低密度的含水泡沫，降低了井筒内的液体的密度，减少气体"滑脱"压力损耗，提高气流垂直携液能力，从而减少井底积液，提高气井产量。泡沫主要是一些具有特殊分子结构的表面活性剂和高分子聚合物，其分子上含有亲水和亲油基团，它的助采作用是通过泡沫效应、分散效应、减阻效应和洗涤效应实现的。

泡沫效应：它只需要在气层中添加浓度为 $100\sim200$mg/L 的起泡剂，就能使油管中气水两相垂直流动发生显著变化。气水两相介质在流动过程中高度泡沫化，密度几乎降低 10 倍。如果之前临界携液气流速度为 3m/s，此时需要 0.1m/s 的气流速度就可以将井底积液以泡沫的形式携带出井筒。

分散效应：在气水同产井中，无论什么流态，都不同程度地有大大小小的液滴分散在气流中，这种分散能力，取决于气流对液相的搅动和冲击程度，搅动越猛烈，分散程度越高液滴越小，就越易被气流携带至地面。

泡沫也是一种表面活性剂，它只需在产层水中引入质量浓度为 $30\sim50$mg/L 的表面活性剂，就可将其表面张力从 $30\sim60$mN/m 下降到 $16\sim60$mN/m，由于液相表面张力大幅度下降，在同一气流冲击下，水相在气流中的分散大大提高。

减阻效应：减阻的概念起源于"在流体中添加少量添加剂，流体的可输性增加"。早在 18 世纪人们就捕捉到这一现象的实际意义，命名为"减阻"，并定义减阻率为：

$$R=（\Delta p-\Delta p'）/\Delta p\times100\% \tag{4-7}$$

式中，R 为减阻率；Δp 为未处理流体的压力降，MPa；$\Delta p'$ 为经过处理流体的压力降，MPa。

减阻剂主要应用于湍流领域，在天然气开采过程中，天然气对井底及井筒里液相的剧烈冲击和搅动，形成的正是一种湍流混合物，既有利于泡沫的生成，又符合减阻助采的动力学条件。

根据相关实验结果（杨川东，1997），实验所用的四种减阻剂减阻率为 $5.16\%\sim16.27\%$，水相可输性提高 $1.00\%\sim10.87\%$。

洗涤效应：泡排剂也是一种洗涤剂，它对井底近井地层孔隙和井壁的清洗，包含着酸化、润湿、乳化、渗透等作用，特别是大量泡沫的生成，有利于不溶性污垢被包裹在泡沫中带出井筒，这将解除堵塞，疏通流道，改善气井的生产能力。

由于起泡剂流动能力较差，也容易降低地面管线的天然气流速，甚至会发生堵塞，因此在流出地面以后要进行消泡处理，即在井口注入消泡剂，达到快速消泡的目的。

消泡剂的作用是当起泡剂进入地面管线后，产生的泡沫会给生产带来不利的影响及危害，为防止泡沫进入集输管线，需要在进入管线之前加入消泡剂进行消泡处理。消泡剂是以微粒的形式渗入泡沫的体系中，消泡剂微粒能够迅速破坏起泡的弹性膜，抑制泡沫的产生；在遇到已经形成的泡沫时，捕获泡沫表面的憎水链端，迅速铺展后，形成很薄的双膜层，进一步扩散，层状入侵，取代原泡沫的膜壁。消泡剂本身的表面张力很小，能使含有消泡剂部分的泡沫膜壁逐渐变薄，而被周围表面张力较大的膜层强力牵引，整个气泡就会产生应力的不平衡，从而导致起泡的破裂。消泡剂必须同时具有消泡和抑泡作用，不仅能使泡沫迅速破灭，而且能在较长的时间内抑制泡沫的生成。

2. 泡排工艺适用条件

（1）主要适用于产水量不高于 $100m^3$，且液态烃含量小于 30%，产出水矿化度不高于 $10g/L$，H_2S 含量不高于 $23g/m^3$，CO_2 含量不高于 $86g/m^3$，但产出的液不能被全部携带出井筒逐步形成积液的自喷气井。

（2）油管下到气层中深处，确保产出的液全部进入油管，且产层深度不大于 $3500m$，井底温度不高于 $120℃$。

（3）油管管柱无破裂，严密不漏，油管挂密封可靠，以防止起泡剂从油管破裂处或未密封的其他缝隙涌出而流不到井底积液的位置。

（4）进行泡排的时机要合适，空管气流线速不小于 $0.1m/s$，在井筒内无积液时提前注入泡排剂，以达到一产水就能及时排出的效果。

（5）泡排剂的浓度要合适，要结合产出液的性质进行合理配比。

（6）消泡剂加注位置尽可能在井口，确保有充分的时间进行消泡。

（7）受气井出砂砂卡及磨蚀影响而不宜采用机械排采的出水气井。

3. 涩北气田适用泡剂筛选

涩北气田开展的泡沫排水采气工艺，从开始技术引进，到该工艺逐步成熟推广应用，已建立了评价体系。针对地层水矿化度很高的涩北气田，进行流体性质配伍实验，选择适合的泡排剂和消泡剂，提高了泡排效果。

1）不同浓度下起泡剂的起泡性能及稳泡性能测试

利用搅拌法和罗氏泡沫仪评价泡排剂和泡排棒起泡、稳泡性能及携液性能，最终确定适合的 8 种泡排剂，结果见表 4-9。

表 4-9 泡排剂初选实验结果对比表

序号	样品名称	起泡剂浓度（‰）	起泡体积（mL）	半衰期（s）	携液量（mL）
1	新型起泡剂 B	0.30	430	188	90
2	起泡剂 Ⅱ 型	0.30	425	176	80
3	XHY-4A	0.30	410	165	85
4	泡排剂 1	0.30	440	157	80
5	泡排剂 2	0.30	500	170	85
6	UT-11A	0.30	425	135	85
7	UT-6 泡排棒	0.35	440	135	80
8	UT-4 泡排棒	0.35	500	163	80

为了进一步优选出适合泡排剂的种类及最佳浓度，进行不同泡排剂不同浓度下的起泡稳泡性能和携液性能测试结果表明，新型起泡剂 B、XHY-4A、UT-11A、UT-6 泡排棒在70℃涩北气田水中能发挥较好的起泡稳泡性能和携液性能，且新型起泡剂 B、XHY-4A、UT-11A 浓度达到 3‰时可以发挥较好的携液性能；UT-6 和 UT-4 泡排棒性能相差不大，浓度达到 3.5‰时可以发挥更好的携液性能。

2）不同浓度下消泡剂的破泡性能及抑泡性能测试

实验中按如下浓度配制起泡剂溶液，测试不同浓度下消泡剂的破泡性能及抑泡性能，结果见表 4-10。

表 4-10　消泡剂性能对比结果表

W_1（‰）	W_2（‰）	3‰新型起泡剂 B		3‰ XHY-4A		3‰ UT-11A		3.5‰ UT-6 泡排棒		3.5‰ UT-4 泡排棒	
		破泡时间（s）	抑泡时间（min）	破泡时间（s）	抑泡时间（min）	破泡时间（s）	抑泡时间（min）	破泡时间（s）	抑泡时间（min）	破泡时间（s）	抑泡时间（min）
1	0.25	32	23	30		6	40	15	>30	45	
2	0.5	20	32	14	22					31	
3	0.75	18	>30	9	25					25	>30
4	1	11	>30	4	>25						
5	1.25	15	>30	3	>25						

注：W_1 为消泡剂稀释后的质量分数；W_2 为消泡剂在发泡剂溶液中实际的质量分数。

实验结果表明，新型起泡剂 B、XHY-4A、UT-11A 泡排剂浓度为 3‰时，对应加入浓度为 0.50‰以内的消泡剂可以 30s 内完全破泡，且抑泡时间大于 20min。

UT-6 泡排棒与 UT-4 泡排棒起泡稳泡及携液性能相差不大，但 UT-6 泡排棒浓度为 3.5‰时，对应消泡剂 FG-2 浓度 0.25‰时 15s 完全破泡；UT-4 泡排棒浓度为 3.5‰时，对应消泡剂浓度 0.75‰时 25s 完全破泡，抑泡时间大于 30min，但考虑经济因素，UT-6 泡排棒是既适合涩北气田水质又经济的泡排棒。并且新型起泡剂 B、XHY-4A、UT-11A、UT-6 泡排棒与对应消泡剂加量在 1∶0.07～1∶0.2 时，消泡剂可以达到较好的消泡效果。

3）起泡剂和消泡剂稀释配制比例试验

试验现场对泡排剂按比例稀释后用泡排车注入井内，因此将起泡剂及消泡剂分别按原液与水不同比例进行起、消泡剂性能评价。

起泡剂在各种稀释比例下都有较好的起泡、稳泡和携液性能，其中 1∶8 时最好；消泡剂在 1∶20 稀释比例下均有较好的消泡效果，但稀释比例过大会影响消泡时间，根据试验结果，现场消泡剂可采用 1∶20 以内稀释。

4）地层水矿化度对起泡剂性能影响

将地层水样按比例稀释，配制浓度为 3‰的泡排剂，在 70℃下测定起泡体积、半衰期和携液性能，观察矿化度对泡排剂性能的影响，以确定其能否适应所有地层，结果见表4-11。

表4-11　矿化度对泡排剂性能的影响

名称	指标	地层水	1/2 地层水	1/4 地层水	1/8 地层水
新型起泡剂B	起泡体积（mL）	430	430	425	420
	半衰期（s）	188	185	180	192
	携液量（mL）	90	85	80	85
XHY-4A	起泡体积（mL）	410	420	400	405
	半衰期（s）	165	150	164	162
	携液量（mL）	85	80	85	90
UT-11A	起泡体积（mL）	425	400	420	410
	半衰期（s）	135	140	150	148
	携液量（mL）	85	80	85	85
UT-6泡排棒	起泡体积（mL）	440	420	430	445
	半衰期（s）	135	146	152	150
	携液量（mL）	80	85	85	80

结果表明，这四种泡排剂在高矿化度地层水中能发挥较好的起泡稳泡和携液性能。

5）井筒环境温度对泡排剂性能的影响

将优选出的四种泡排剂配制浓度为3‰的泡排剂，在常温、50℃及70℃条件下测定起泡体积、半衰期和携液量，观察温度对泡排剂性能的影响，结果见表4-12。

表4-12　温度对泡排剂性能的影响

名称	指标	常温	50℃	70℃
新型起泡剂B	起泡体积（mL）	400	380	430
	半衰期（s）	188	202	188
	携液量（mL）	85	85	90
XHY-4A	起泡体积（mL）	400	400	410
	半衰期（s）	164	170	165
	携液量（mL）	85	80	85
UT-11A	起泡体积（mL）	390	435	425
	半衰期（s）	155	165	135
	携液量（mL）	85	90	85

名称	指标	常温	50℃	70℃
UT-6 泡排棒	起泡体积（mL）	430	430	440
	半衰期（s）	150	155	135
	携液量（mL）	80	85	80

由实验结果看出，这四种泡排剂在70℃以内可以发挥较好的起泡性能及携液性能。

6）两剂混合液沉淀物生成试验

100mL起泡剂溶液完全起泡后，加入对应量的消泡剂，完全消泡后，将混合液在70℃下静置72h以上，观察混合液是否生成沉淀，用滤纸过滤，70℃下烘干24h，比较滤纸的质量变化，即沉淀物的质量，将沉淀物用5%稀盐酸、12%HCl和3%HF混合液溶解，测定该沉淀物的组成和含量，结果见表4-13。

表4-13　混合液的沉淀情况

名称	起泡剂加量（‰）	消泡剂加量（‰）	静置72h现象	烘干24h现象	总沉淀量（g/L）	5%HCl洗去沉淀量（g/L）	12%HCl+3%HF洗后沉淀量（g/L）	酸洗后沉淀量（g/L）	碳酸盐含量（%）	硅酸盐含量（%）	硫酸盐含量（%）
新型起泡剂B	3	0.5	澄清，底部有极少淡黄色沉淀物	少量褐色沉淀物	3.352	0.884	1.54	0.928	26.4	45.9	27.7
XHY-4A	3	0.5			3.751	0.6	1.869	1.282	16	49.8	34.2
UT-11A	3	0.25			3.547	0.612	1.764	1.171	17.3	49.7	33.0
UT-6 泡排棒	3.5	0.25			3.759	0.621	1.943	1.195	16.5	51.7	31.8

实验结果表明，四种起泡剂溶液消泡后混合液都有少量的黄色沉淀物，沉淀量不大于3.759g/L，5%稀盐酸和12%HCl+3%HF混合液可将部分沉淀溶解，溶解后在70℃下烘干24h，仍有少量褐色沉淀物存在。实验结果表明，沉淀物主要以碳酸盐、硫酸盐和硅酸盐为主，其中硅酸盐＞硫酸盐＞碳酸盐，少量沉淀，容易分散并被气流带出，不会堵塞地层，影响排水效果。如果长期连续加注泡排剂进行泡沫排水，需注意定期清理管线。

总之，根据实验评价结果，初选出来的UT-11A、XHY-4A、UT-6泡排棒和新型起泡剂B与涩北地层水的配伍性较好，3‰～3.5‰浓度下可达到较好的起泡稳泡性能和携液性能，起泡剂与水的稀释比例为1∶8，消泡剂与水稀释比例为1∶8和1∶10，起泡剂与消泡剂具有较好的性能。通过对沉淀物测定实验，消泡后混合液的沉淀量少，容易分散并被气流带出，不会堵塞地层。泡排剂对管材腐蚀性实验表明，优选出的四种泡排剂具有一定缓蚀性，对油管有保护作用，结果见表4-14。

表 4-14 起泡剂、消泡剂种类及最佳浓度推荐表

起泡剂名称	稀释浓度	起泡剂浓度（‰）	消泡剂名称	消泡剂浓度（‰）	起泡剂与消泡剂比例
新型起泡剂 B	1：8	3	消泡剂	0.5	1：0.2
XHY-4A	1：8	3	XXP-1	0.5	1：0.2
UT-11A	1：8	3	FG-2	0.25	1：0.1
UT-6 泡排棒	1：8	3.5	FG-2	0.25	1：0.07

4. 泡排工艺设计

目前现场采用固定泡排装置和移动泡排车进行泡排工作，固定泡排装置采用外接电源作为动力，移动泡排车采用车载发电机作为动力。

1）工艺参数

在气水两相垂直流动过程中，气流速度越大，排水能力就越好，但在泡沫排水中，气流速度与排水能力并不遵守该规律，如图 4-13 所示。

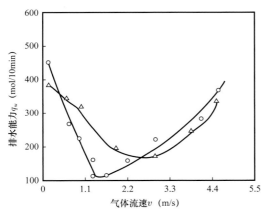

图 4-13 气流速度对泡沫排水的影响

气流速度在 1~3m/s 的范围内不利于泡排，因此在泡排的过程中，需要控制合适的气流速度，即要控制合适的日产气量并且保持稳定，有利于保持泡沫排水采气效果。

在实施泡沫排水采气工艺前及过程中，也需要进行气井动态分析，计算井筒内的气流速度，并根据动态分析的结果进行必要的调整，以确保气体流速保持在合适的范围内。

实施泡沫排水采气，还要考虑气体的流态，分析井筒中气水两相垂直流动的状态，由于影响流态的因素较多且不稳定，根据前人的研究成果，井筒内存在四种流态：气泡流、段塞流、过渡流和环雾流。对于环雾流，由于气井自身能量充足，携液能力强，不需要进行泡沫排水采气，泡沫排水的主要对象是环雾流以下的流态：气泡流、段塞流和过渡流，尤其对段塞流进行泡沫排水的效果最佳（图 4-14）。

在具体施工过程中，泡排剂的浓度也是一个非常关键的参数，目前普遍根据出液、产气量、产出液的性质及积液程度来进行初步配比，再根据排水及增气的效果进行不断地调整，直至达到一个理想的状态。

泡排的周期也是需要考虑的问题之一，对于积液轻微或产液量较低的气井，可以进行周期泡沫排水，具体排水天数可以结合气井实际生产动态情况进行不断调整；对于每天因

积液造成油压变化大（变化值大于 1MPa）的气井，会对产量造成较大的影响，为了及时消除积液的影响每天需要进行定期泡排，以达到最理想的排水采气效果。

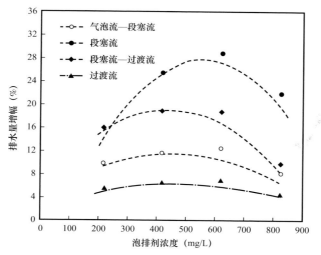

图 4-14　流态和泡排剂浓度与排水量增幅之间的关系

　　在实施泡排的过程中，有些泡沫无法消除，甚至有些产出液和起泡剂水溶液进入地面集齐管网、处理设备，在反复不断地受到搅动，会在管线里面产生泡沫或在分离器中聚集，特别是起泡剂量过大或泡沫过于稳定时，会堵塞输气管线，引起输压升高，因此必须加入适量的消泡剂进行消泡处理，加入消泡剂量通过理论配比确定，可以实施间歇注入，以分离器中不出现泡沫为原则。

　　2）工艺流程

　　移动式泡排车泡排施工井口连接流程如图 4-15 所示，车内安装有注醇泵、高压软管、起泡剂罐和消泡剂罐及相关安全附件，泡排剂从油套环空注入，消泡剂在油管出口间歇注入。

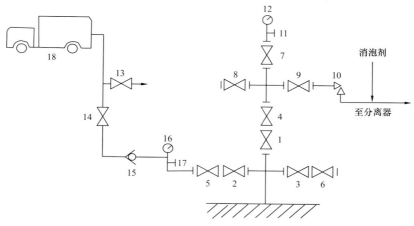

图 4-15　移动式泡排车泡排施工井口工艺流程图

1~9—采气井口闸阀；10—角式节流阀；11、17—截止阀；12、16——压力表；13、14—注入阀；15—单流阀；18—泡排车

二、气举排水采气技术

气举工艺主要用于水淹井复产、产水量较大的气井助排及气藏强排水，由于适用范围广、增产效果显著，是目前有水气田开发中最好的排水采气工艺措施之一，为气田排水采气主力工艺技术，该工艺由间歇气举发展到连续气举；由开式气举发展到半闭式、闭式、喷射式气举；由注气压力操作气举阀发展到生产压力操作气举阀，形成了开式、闭式、半闭式、柱塞气举、气举＋泡排等一系列气举排水技术；气举阀类型也由注气压力操作阀发展到了生产压力操作阀等。结合涩北气田出水又出砂的问题，从 2011 年开始在涩北气田进行增压气举先导试验，及后续推广应用，基本形成了完整的连续增压气举排水采气工艺技术。

该工艺在现场应用过程中，主要有两种形式：井间互联连续气举和压缩机增压连续气举。在实施过程中，结合井下气举阀进行分段气举，在较低的气举压力下也能恢复气井的生产。

1. 井间互联气举

1）选井条件

气举井，要求地层具有一定能量，具有一定的经济可采储量的水淹停产井，或气井尚可正常生产，但由于井筒积液单井产量下降明显且油套差压大于 1MPa 的气井；高压气源井，生产稳定且日出水量小于 $1m^3$ 的气井，井口压力大于被气举井井筒积液所产生的静液柱压力。

2）地面工艺流程

井间互联气井工艺流程如图 4-16 所示，G5-4 井产出气通过加热炉加热，经过流量计后注入 G6-2 油套环空，逐步增压使 G6-2 的积液排出井筒恢复生产。

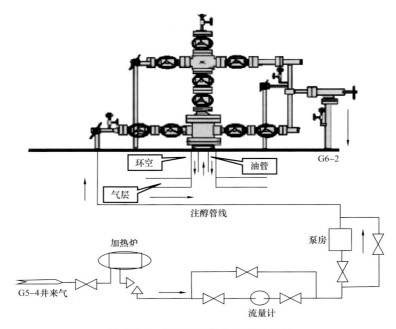

图 4-16　井间互联气井工艺流程图

图 4-16 中的流量计为了计量气源井的产气量，为气举效果评价提供依据。

3）工艺特点

对于出水量大的积液井，甚至是水淹停产井，泡排作业效果微弱，气举作业是有效的办法，若气举井附近有地层能量充足的气源井，则井间互联气举排水采气工艺可以优先考虑，该工艺采用的原理科学、工艺先进，利用了井间生产差异的特点，充分利用现有地质资源，对停产井进行恢复作业，效果好。

该工艺生产管理方便、操作简单、运行可靠，投资小。避开了管理难度大、运行费用高的高压天然气压缩机的使用，使操作管理简单方便，提高了工程运行的安全性与稳定性。

气举井附近需要有高压高产的气源井，随着气田的逐年开采、地层能量逐年下降，符合条件的气源井将越来越少，因此，在气田开发中后期使用该工艺具有局限性。

2. 压缩机集中增压气举

集中增压气举即在气田内部建立集中增压站及配气阀组区，通过铺设气举管线至各个需要气举的单井，由配气阀组区控制注气量及注气压力，同时对多井进行气举排水。

1）系统组成

集中增压气举系统主要由气体增压系统、气体输送系统、气量分配系统、气井及气体处理系统五部分组成，各个部分的功能见表 4-15。其中，气体增压系统是气举系统的核心，但各部分合理匹配才能形成完整的气举生产系统。

表 4-15　集中增压气举各系统的功能

系统名称	主要功能
气体增压系统	对气体进行压缩，提供高压气源，使其满足气举系统压力需求
气体输送系统	气举用气输送至井口
气量分配系统	计量、分配气量至各个气举单井
气井	气举生产井包括气举生产管柱
气体处理系统	对产出气进行分离，为气举系统提供合格的气体

集中增压气举系统具有三方面优势：（1）供气系统集中；（2）单井调控、配气、计量集中；（3）生产数据可实现远传和远控，自动化程度高。但是，集中增压气举供气系统不易在大井距中使用，地层需有一定能量，需有高压气源，该工艺一次性投资高，但后期维护费用少。

2）气举方式

根据注气方式的不同，气举方式主要分为连续气举和间歇气举。

连续气举是气举最常用的方式，连续气举的举升原理和自喷井相似，它是通过油套环空（或油管）将高压气注入井筒，并通过油管上的气举阀或油管鞋进入油管（或油套环空），举出井筒积液，用以降低液柱作用在井底的压力，恢复气井的生产压差。连续气举适用于气井供气能力强、产液指数高、地层渗透率较高、井底压力高的气井。

间歇气举是通过在地面周期性向井筒内注入高压气体，注入气通过大孔径气举阀迅速进入油管，在油管内形成气塞，将停注期间井中的积液推至地面的一种人工举升方式。间歇气举主要应用于井底压力低、产水量低的井，对于这类井，间歇气举相比连续气举，可以明显降低注气量，提高举升效率。

随着气井的井底压力逐渐下降，连续气举达到经济界限值，气举方式可以转为间歇气举。间歇气举并不需要改变井下设备（主要是气举阀），原来的整套设备也能适应间歇气举。

此外，根据注气通道的不同，也可以分为反举（环空注气油管出液）、正举（油管注气环空出液）。这两种方式的主要区别在于出液通道的选择。环空出液，其采出液通道尺寸通常大于油管出液的通道。一般情况下，油管注气、环空出液适用的气井产量更大，或者在小套管大排量生产井中使用。在油管出液能满足开发条件时，通常推荐环空注、油管出的举升方式。

3）气举管柱组合

气举管柱主要有开式管柱、半闭式管柱和闭式管柱等（图4-17）。

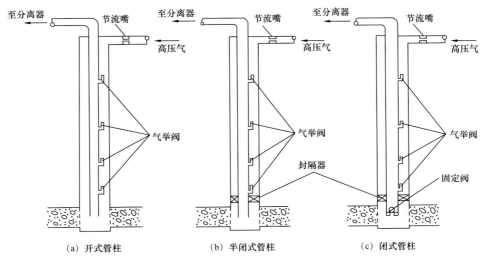

图4-17　常规气举管柱示意图

（1）开式管柱。

在开式管柱结构中，油管管柱不带封隔器和单流阀，直接悬挂在井筒内。开式管柱主要适用于气井液面较高、砂堵严重，以及因井深质量问题不能使用封隔器的连续气举井。

由于开式管柱油套管是连通的，对低产井，当液面下降到油管管鞋时，注入气就会从套管窜入油管，造成注气量的失控。此外，当气举井关井后再重新启动时，由于液面重新升高，必须将工作阀以上的液体重新排出，不仅延长了开井时间，而且液体反复通过气举阀，容易对气举阀造成冲蚀，降低阀的使用寿命。

（2）半闭式管柱。

半闭式管柱是在开式管柱的结构上，在最末一级气举阀以下安装一个封隔器，将油管和套管空间分隔开。半闭式管柱既适用于连续气举也适用于间歇气举，是气举井最常用的管柱结构。

半闭式管柱在排液后，环空的液面高度不会因套管压力的变化而波动，减小了液体对气举阀的冲蚀；可避免关井积液后的重新卸载；封隔器可避免套管压力作用于地层，影响气井产能的发挥。

（3）闭式管柱。

闭式管柱是在半闭式管柱结构的基础上，在油管底部装有固定单流阀，其作用是在间歇气举时，阻止油管内的压力作用在地层上。闭式管柱一般应用在低井底流压、低产液指数的间歇气举井上。

4）气举工况诊断

增压连续气举工艺是一个系统工程，相对比较复杂，为了使气举达到最好效果，需要开展气举工况诊断分析，主要分析井口压力、产气量、产液量、井筒积液变化、井筒流体分布及注入压力和注入气量、井下工具状态监测、地面设备的工作参数等，为气举效果评价及动态分析提供必要的支撑。

5）关键技术环节

注气量设计：通过多相管流物模实验，研究出砂对携液、流态的影响，确定以气液比1400为界限划分井筒流态，形成适用于雾状流的"临界携液流量与自产气量差值"设计法和非雾状流的"气举响应特征曲线"设计法。

注气压力设计：通过节点分析、井筒压力预测、实测拟合等方法，优选出气液两相管流压力计算的 Gray 模型进行注气压力计算，设计误差率5.1%，基本符合注气压力接近井底流压的规律。

气举管柱设计：受主力区块普遍出砂、易结垢、套损的影响，封隔器难以完全密封、单流阀难以发挥作用，从避免井下工具砂卡、需连续气举等方面考虑，井筒举升主要采用开式气举管柱。

涩北气田井口回压高、出水量大，具有压缩机排气压力低、气举注气压力高的矛盾，通过强化出水量预测、气举阀阀孔、充氮压力研究，系统考虑气井、压缩机与气举阀的关系，研究了"气源到井口窄压力窗口"布阀设计技术。

以上介绍的两种排水采气工艺是涩北气田的开发实践中采用的主体排采技术，早期使用的更换小油管助排工艺已经不适应当前开发阶段的需要。虽然涩北气田疏松砂岩储层出砂严重，且出水后加剧了出砂，更需要对电潜泵排水采气、螺杆泵排水采气、柱塞排水采气等工艺进行探索试验（表4-16）。

表4-16　涩北气田近年实施的排水采气类型与工作量

排水采气大类	排水采气小类	井数（口）	合计（口）
优化管柱排水采气	优化管柱	31	31
泡沫排水采气	泡排	742	742

排水采气大类	排水采气小类	井数（口）	合计（口）
气举排水采气	气举	110	130
	井间互联	10	
	集中增压	10	
机械排水采气	涡流	5	42
	柱塞	26	
	电潜泵	2	
	螺杆泵	8	
	抽油机	1	

三、排水采气工艺效果评价

不同排采工艺适用条件不尽相同，因此在进行排水采气之前，需要优选出适合气田的针对性工艺措施，开展先导试验，不断完善采气工艺措施，才能提高气田开发效果。

1. 机械类排采工艺

2011 年以来，涩北气田先后试验了 6 种机械类排采工艺 50 井次，增气 $1300 \times 10^4 m^3$，受出砂、结垢等因素的影响，机械类排采工艺在涩北疏松砂岩气藏均存在频繁砂卡、有效期短等问题，未能获得推广。

柱塞气举：2011 年首次试验，为提升对出砂气井的适应性，历经 4 年先后 5 次改进，共试验 26 井次，未能攻克，有效率 65%，受出砂影响，柱塞工具频繁砂卡，平均有效期两个月，总体效果不明显。

涡流排采：共试验 5 口井，井筒液面下降 73m，平均产气量提升了 74.6%。但该工艺对井筒清洁度要求高、通井难度大，每口井都需要个性化设计，且不适合水量大的气井。

速度管柱：开展试验 9 口井，有效率 55.6%，目前仍有两口井有效，速度管柱有效降低了气井临界携液流量，延缓了产量递减，但流静压测试受限，且气井出砂易堵塞管柱，未能得到规模推广。

螺杆泵：开展试验 8 口井，检泵 26 井次，平均检泵周期 20.4 天。受出砂影响，主要存在断杆、卡泵、检泵频繁三个方面问题，该工艺在疏松砂岩气藏运行周期短，难以持续排水。

电潜泵：为探索大液量排采工艺，开展电潜泵排采试验 2 口井，增气 $86.9 \times 10^4 m^3$，排水 $3251 m^3$。运行 1～2 个月后泵效下降且频繁卡泵停机，故障原因为泵运转温度升高形成大量硫酸钡锶垢。

机抽：2016 年开展抽油机排水采气试验 1 口井，施工完成启抽后生产 91 天，期间因砂卡检泵两次，平均日产气 $0.34 \times 10^4 m^3$，平均日产水 $19.4 m^3$，泵效 32%，沉没量为

360m。受气井出砂影响，反而不能及时关闭，造成严重漏失。

经过多年探索，逐步淘汰多种"砂敏低效"工艺，排采工艺由"十一五"时期以优化管柱为主，发展到"十三五"时期以高抗盐泡排、集中增压气举为主的特色排采技术系列。排水方式由间歇向连续转变。

2. 非机械类排采工艺

1）泡沫排水采气工艺技术

泡沫排水采气工艺自 2011 年攻关试验以来，在轻微、中等积液井中规模应用 10904 井次，增气 $4.69 \times 10^8 m^3$，2019 年完成 1419 井次，增气 $2801 \times 10^4 m^3$。该方法从完善泡排剂室内实验评价方法及指标开始，应用的评价方式由搅拌法转变为罗氏泡沫仪测试法，评价指标由起泡高度和半衰期测定转变为起泡高度、携液率和破泡速度，通过优选泡排剂类型，测定泡排剂黏度、腐蚀性等基础性能，优化加药浓度、稀释浓度等合理配比，严格控制泡排剂质量。优选泡排剂后，泡沫高度提高 32%，携液率提高 14%，如图 4-18 所示。现场进行加药量优化和加药方式优化，依据积液量计算加药量转变为依据积液量和产水量计算加药量，根据井口油压、套压变化情况，确定合理的加药时机和周期（图 4-19），加药方式由一次多量转变为少量多次，保障泡沫排水采气工艺实施效果。

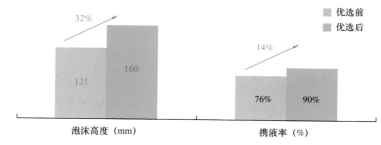

图 4-18　起泡剂优选前后指标对比

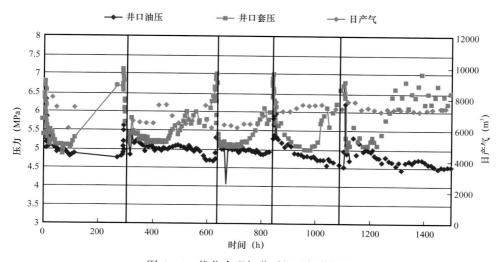

图 4-19　优化合理加药时机及加药周期

规模推广应用适用于涩北气田高矿化度地层水的泡沫排水采气工艺，平均有效率90％，日增产气平均提高21％，投入产出比达到1：6.5。泡排工艺对轻微和中等积液井的作业覆盖率达到了100％，基本维持了这部分井的携液生产，达到了恢复气井产能、提高气井携液能力的目的，延长了气井的自喷期，成为涩北气田主体排水采气技术。

气田不同构造位置、不同积液程度井泡排效果分析表明，气藏中部井、轻微及中等积液井泡排效果较好，积液程度改善明显；不积液井适时泡排能够维持气井稳定生产；部分边部井、严重积液井由于选井、泡排时机、加药量与泡排周期确定不合理，导致气井不能稳定生产或无效，如图4-20所示。现场试验过程中，需跟踪试验效果，同时利用油田专用物联网系统实现井口油、套压数据的实时远传，随时优化加药量与加药周期，保障泡排效果。

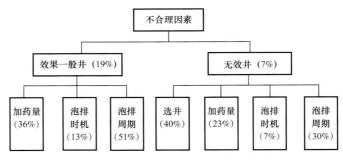

图4-20　效果一般与无效井影响因素

近几年通过积极开展多种泡排工艺的发泡剂和消泡剂注入方式的现场试验，形成了以移动泡排车为主，多井式消泡橇和井口固体消泡等为辅的多元化消泡方式，其中常规泡排占58.96％，其他注消方式占41.04％，解决了泡排机组与现场需求的矛盾，满足了气田的需求（图4-21）。

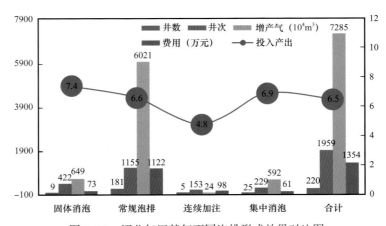

图4-21　涩北气田某年不同泡排形式效果对比图

泡沫排水采气工艺不受气井井身结构影响，通过室内泡排剂的筛选及合理浓度的确定指导现场试验的实施。从应用范围来说，泡排工艺在轻微、中等、严重积液井上均有效果，但主要应用于轻微和中等积液井，维持日产能$174 \times 10^4 \mathrm{m}^3$。在现阶段涩北气田气井生产条件下，泡排工艺能满足所有积液井的要求，对于水淹停产井可以作为气举等工艺的辅助排液手段。泡排工艺存在设备简单、施工容易、成本低、不影响气井生产等优点，通过在气田的规模推广应用及取得的显著效果已经证明了该工艺在疏松砂岩气藏适用性较好，已成为涩北气田主体排水采气技术之一，可应用于气井低含水阶段，也可作为中高含水阶段的辅助工艺。

2）气举排水采气工艺技术

随着涩北气田进入开发中后期，出水量不断递增，携液排水生产由间歇向连续转变，排采工艺需要加快转型。先后试验了橇装气举、井间互联气举和集中增压气举工艺，实现了由泡排向气举的有效转型。近年来，强化设计、扩大规模、提升排量，气举工艺规模推广，措施产量在排采总措施产量中的占比由 2011 年的 2% 上升至 2019 年的 93%。其中，橇装气举主要用于中等积液井间歇助排，通过设备改进，增压气源先后经历邻井气—站内返输气—氮气三个阶段，工艺实现推广，为集中气举的投运积累了经验，2014 年至今实施了 408 口 1036 井次，累计增产 $3.99 \times 10^8 m^3$。

井间互联气举充分利用高压井天然能量，铺设注气管网，2011—2018 年试验 23 口井，日增气超过 $10 \times 10^4 m^3$，盘活了水淹井产能。随气源井压力及产量的下降，目前并入集中增压气举流程。针对连续排水井增多的问题，结合气井分布集中的实际，室内开展节点分析、注气设计、地面配套等八项研究，初步形成以"总站取气增压、小站分区配气、单井连续气举"为工艺特点的集中气举技术雏形。

2016 年，优选出水严重的涩北气田 11 号集气站，开展先导试验，实施 22 口井，日增气 $12.6 \times 10^4 m^3$。现场试验表明，集中气举适应性强，可实现真正意义上的"多井同步连续"排水。试验成功后，编制了以"集中增压气举"为核心的"涩北气田综合治水方案"，并获得批复，2019 年 10 月 31 日总共完成 350 口井气举投运。

在实施过程中，强化积液诊断评价、布阀配套设计、注气参数优化，调整了 60 口井的注气量和 9 口井气举阀设计，日增气由 $47 \times 10^4 m^3$ 升至 $66 \times 10^4 m^3$。现运行 186 口井，单井日增气 $0.68 \times 10^4 m^3$，累计增气 $4.33 \times 10^8 m^3$。2019 年底，涩北气田排采工艺日恢复产能 $143.8 \times 10^4 m^3$，措施产能占比由 2011 年的 0.4% 升至 2019 年的 9.7%，当年增气 $2.86 \times 10^8 m^3$，排采工艺的对气田稳产的支撑作用日益增强。

（1）橇装气举。

2012 年以前，为解决地层压力低的气井井下作业施工后工作液的返排问题，涩北气田开展了利用高压气源进行气举返排和诱喷作业。气举返排和诱喷分为三种方法：油管连接邻井高压气源、井间互联流程返输站内高压气源、高压氮气车组提供高压氮气气源。为进一步开展气举作业、解决工作液返排问题和井筒积液排液问题，购买了橇装式天然气增压机，开展了 11 口井的气举排水采气试验，但由于橇装天然气增压机分离系统对砂、水的处理效果差，设备不稳定，容易停机等问题均未达到试验预期效果。之后在原设备的基础上，对砂、水处理分离装置进行改进，动力设备由气驱改为柴油驱，提高了设备的稳定性和安全性。

气举时除产层物性差、油管漏、砂埋产层等因素外，均能有效排出井筒积液及近井地带的地层水，为水淹井的治理提供了有效的技术手段，表4-17为涩北气田部分气井的气举情况统计数据。

表 4-17　涩北气田部分橇装设备气举井的情况统计数据

序号	井号	停躺/积液时间	运行时间（h）	气举时日排水量（m³）	累增气（10⁴m³）	累排水（m³）	备注
1	涩 4-4	2014.7	440.5	11	0	256.48	
2	涩 R48-3	2014.12	195	36	18.11	978.96	
3	涩 R40-3	2015.5	140	36	138.53	5183.92	
4	台 3-6	2014.11	238.5	90	1.27	889.81	
5	涩 7-1-4	2015.6	26.5	1	0.65	3.34	砂埋产层
6	涩新深 1	2015.4	50.25	0	0	0	油管漏
7	涩 1-7-2（1）	2014.12	147	48	55.62	2918.88	
8	涩 1-7-2（2）	2015.8	70.5	68	16.8	702.01	
9	涩 3-13	2014.6	4.5	1.5	47.21	158.21	
10	台 5-16	2015.6	10	0	2.08	2.93	砂埋
11	涩 4-18（1）	2013.1	58.5	45	147.84	749.82	有阀开式
13	涩新 4-8	2013.4	11.5	0.2	0	0	油管漏
14	涩 4-55	2014.5	235.5	71	723.7	5714.1	
15	涩 R15-3	2015.5	8	0	3.89	2.1	未计量
16	台 H3-19	2015.7	4	27	153.2	337.6	
17	台 4-10	2015.7	5	55	0	0	积液井
18	台 4J-2（1）	2015.7	3	50	0	0	积液井
19	台 4J-2（2）	2015.9	180	67	159.82	4080.1	
20	台 4J-2（3）	2015.1	350	104	0	940.8	
21	涩 R30-3	2015.6	72	3	0	10.1	物性差
22	涩 4-2-4	2013.2	317	25	14.82	433.57	
23	涩 4-37	2014.5	46.6	21	52.5	94.55	
24	台 H2-3	2015.6	207	110	50.6	1970.71	
25	涩 4-6-2	2015.7	22	0.8	36.07	99.5	砂埋
26	涩 R41-3（1）	2015.5	102	40	8.84	366.32	
27	涩 R41-3（2）	2015.8	129	45	2.1	201	
28	涩 1-4-2	2015.8	176	14	20.08	497.51	有阀开式
29	涩新试 2	2014.11	279	63	0	550.77	有阀开式
30	台 H4-14（1）	2015.7	4	45	0	0	积液井

在气举工艺技术逐年提升的同时，气举工艺的设计也得到了发展，主要使用的是PIPESIM气举参数设计软件，其中设计的参数有启动压力、日注气量、日排液量等。设计结果见表4-18，设计结果与现场试验实际参数符合率达到90%，表明气举工艺设计方法准确可靠，可有效指导气举工艺的开展。

表4-18 压缩机气举井气举参数设计结果对比

井号	停躺时间	设计参数			施工参数		
		启动压力（MPa）	日注气量（$10^4 m^3$）	日排液量（m^3）	启动压力（MPa）	日注气量（$10^4 m^3$）	日排液量（m^3）
涩7-1-4	2013.1	12.9	1.2~3.3	40	9.1	1.3	38~48
涩6-1-4	2013.11	13.6	1.2~1.6	42	11.3	1.2	24~42
涩R15-3	2013.7	12.1	0.7~1	15	11.2	1.4	2.4~3.6
涩新试2	2014.7	15.9	2	44	12.9	1.76	50
台H4-19	2014.8	12.3	1.42~1.7	50	10.6	2.13	33~56
涩4-4	2015 1	11.7	0.5~2	7.7~12.9	9.7	1.5~2.1	7.5~19
台3-6	2014.12	12.9	1~3	70	12.4	2.2~2.3	90
涩7-1-4	2015.6	12	1~2	30	11.7	1.45	出砂
涩新深1	2015.4	11	1~2	26	5.1（油管漏）	1.92	油管漏
涩1-7-2	2014.12	10.7	1~4	20	8.4	2.4	48~55
涩4-18	2013.1	13.1	1~4	12	9.5	2	45
涩新4-8	2013.4	16.6	1~4	11.3	10.7	—	油管漏
涩4-55	2014.7	14.9	1~4	47	11.1	2.15	77
涩4-2-4	2013.2	13.25	1~4	13.3	12	1.3~2.2	40
台H2-3	2015.6	11.9	1~4	60	11	2.2	94~110
涩新试2	2014.11	15	1~3	50	11.2	2.2~2.7	54~63
涩3-18	2015.4	12.66	1~3	20	8.1	1.45~2.1	32.4
台试3	2015.9	16.4	1~4	58	12.3	2.2	125
台3-10	2015.7	13.2	1.5	15	11.8	1.45	18.6
台4J-2	2015.11	15.1	2~3	60	12.5	2	55~127
台H3-8	2015.1	13.6	1~2	20	9.4	1~1.5	2.34

随着气田开发的深入，边水推进，导致气田出水日益严峻，气井出水严重影响着气田的高效开发。涩北气田普遍存在出砂现象，气井的出砂也制约着机械类大排量排水采气工艺的开展，橇装气举作为大排量排水采气措施，对出砂的适应性较强，同样对积液井的作业效果好，有效率高达100%，且复产后平均有效生产时间为90.6天，是停躺井的2.5

倍，水淹停躺井由于多在边部，出水量大、水体能量足，气举时增产气量较大，一旦停止气举，又会重新水淹停产，需要连续气举才能复产，尤其以台南气田气井居多。因此造成了橇装气举作业时都能有效排液，但在整体有效率偏低的情况，可作为气田集中增压气举建站前的一项过渡工艺。气举排水采气工艺在涩北气田应用过程中，最大排水量高达133m³/d，设计简单，不需作业，不受出砂、井斜的影响，已经成为气田排水采气的主体工艺之一，可应用于气井中高含水阶段。

（2）井间互联气举。

井间互联工艺流程是将高压井的气源通过互联管线引入低压积液井，从而实现连续气举排液。2016年，台南气田4-1层组3～9小层储备有高压气源，气源井共14口，平均单井日产气 $9.85 \times 10^4 m^3$，平均单井日产水 $2.0m^3$，当时地层压力 11.8MPa，井口油压 9.45MPa，套压 10.4MPa，采出程度 31.38%，暂未明显水侵。

当时针对台南气田优选出25口积液井计划分批实施井间互联气举，对10口严重积液井开展试验，主要参数设计见表4-19。

表4-19　台南气田井间互联气井主要参数设计表

序号	气源井	气举井	气举前生产情况	日注气量（10^4m^3）	启动压力（MPa）	工作压力（MPa）	高压管线长度（m）
1	台 H5-1	台 H2-2	停产	2.41	10.72	8.66	710
2		台 H2-1	停产	1.98	10.77	8.71	282
3		台 5-16	停产	1.67	9.58	8.70	493
4		台 H1-7	泡排	1.11	6.79	6.43	240
5		台 3-16	泡排	0.81	8.12	7.84	631
6		台 5-7	停产	2.16	9.64	7.58	1187
7		台 H1-10	泡排	0.87	7.41	7.13	257
8	台 H5-3	台 2-28	停产	0.92	7.8	7.52	1486
9		台 4-10	停产	0.90	9.41	10.35	1034
10		台 3-18	泡排	1.21	8.10	7.90	690

台南气田井间互联工程于2015年底启动，2016年5月正式开始试验，通过摸索规律、优化注气参数，取得了阶段性成果。试验井10口，有效井8口，日增产气 $7.5 \times 10^4 m^3$，日产水 $254.8m^3$，见表4-20。

井间互联气举工艺具有一定的局限性，气源井供气能力有限，井口压力下降快，导致启动压力、工作压力不够。对于启动压力高的井采用氮气车辅助启动，平稳后导入井间互联流程；对于工作压力较高的井下入气举阀气举。井间互联气举工艺流程简单、效果显著，受气源井压力降低的影响，可作为整体治水的过渡性工艺。

表 4-20 台南气田间互联气源及气举井情况表

序号	气源井	井号	流压（MPa）	静压（MPa）	油压（MPa）	套压（MPa）	计算工作压力（MPa）	计算启动压力（MPa）	注气压力情况	气举前生产情况	气举日增产气（10^4m^3）	气举时日产水（m^3）
1	台H5-3（气源压力10.1MPa）	台4-10	10.35	11.14	5.04	8.8	<10.35	<10.35	满足	停产	0.65	23
2		台2-28	8.78	9.24	5.7	8.4	<8.78	<9.24	满足	停产	1.68	51
3		台3-18	9.93	11.55	5.1	6.5	9.93	<9.93	满足	需泡排维持	0.65	11
4		台3-16	9.29	11.56	6.06	8.2	<9.29	9.29	满足	需泡排维持	0.29	36
5		台5-16	—	12.77	4.5	7		<12.77	启动压力不足	停产	0.93	1.8
6	台H5-1（气源压力10.6MPa）	台5-7	9.06	9.62	—	—	<8.65	8.65	满足	水淹停产	—	—
7		台H1-7	7.96	8.93	7.0	8.2	<7.96	7.96	满足	需泡排维持	0.79	9
8		台H1-10	8.56	8.99	6.5	—	<8.56	8.56	满足	需泡排维持	0.66	2
9		台H2-1	10.9	11.6	4.9	10.3	<10.9	11.6	启动压力不足	停产	1.85	121
10		台H2-2	10.4	12.24	0.8	—	<10.4	<12.24	启动压力不够	水淹停产	—	—
合计											7.5	254.8

（3）集中增压气举。

集中增压气举工艺是在涩北气田面临积液日益严重，水淹井逐年增多，泡排、橇装压缩机气举无法满足气田排水需求等问题时，提出的一种"一对多"的气举排水采气新模式。涩北气田集中增压地面建设从 2015 年开始筹建，共设计增压气举井 20 口井，分两批次实施，第一批次于 2016 年 11 月底投运，现场试验取得显著效果。

通过对气举工艺不同方式的研究分析，掌握不同方式的特点，同时结合涩北气田气井分布位置、气田开发特点等实际情况（表 4-21），最终确定涩北气田为集中增压连续气举，气举管柱采用油管采、套管注的举升方式，对于启动压力较高的气井采用有阀气举管柱，启动压力较低的井采用原井管柱进行气举。

表 4-21　涩北气田气举方式的优选

工艺方式	气田情况	优选结果
气举方式	地势较平坦、气井集中； 橇装设备少，不能满足气举量大增的需求； 气田进入气水同产期，需连续排水	集中增压连续气举
举升方式	油管生产能满足气井生产条件； 小通道利于气井携液	油管采、套管注
管柱组合	气藏埋深浅但产层跨度大； 套管压力控制气举阀工艺成熟，是连续气举的首选； 半闭式气举管柱适合连续气举	注气压力高的连续气举井采用有阀气举半闭式管柱，其他井采用原井管柱进行气举

2016 年 10 月，涩北气田 11 号站集中增压气举工艺正式投运。开展集中增压试验 10 口井，实现日增产气 $7.4 \times 10^4 m^3$、日排水 $134.2 m^3$，气井积液高度得到显著降低（平均积液高度由工艺前的 491m 降为现在的 42m），试验进行到 2017 年 4 月，已累计增气 $1155 \times 10^4 m^3$，累计增排水 $2.2 \times 10^4 m^3$。恢复水淹停躺井 7 口，维持 3 口积液井正常生产，工艺有效率 100%。达到了多井同时连续排水，恢复气井产能的目的。整体实施情况及效果见表 4-22。

表 4-22　集中增压气举工艺井实施情况及效果

序号	井号	开发层系	构造部位	气举前			气举后			日增产气（$10^4 m^3$）	日增产水（m^3）	气举周期
				日产气（$10^4 m^3$）	日产水（m^3）	积液高度（m）	日产气（$10^4 m^3$）	日产水（m^3）	积液高度（m）			
1	涩 R15-3	3-1-1	边部	0	0	690	0.26	1.4	0	0.26	1.4	连续
2	涩 R48-3	3-2	边部	0	0	697	0.95	37.3	21	0.95	37.3	连续
3	涩 7-3-3	3-1-2	边部	0	0	428	0.56	4.6	0	0.56	4.6	连续
4	涩试 8	3-2	高部	0.89	9.0	310	2.54	19.6	20	1.65	10.6	7 天

序号	井号	开发层系	构造部位	气举前			气举后			日增产气（10^4m^3）	日增产水（m^3）	气举周期
				日产气（10^4m^3）	日产水（m^3）	积液高度（m）	日产气（10^4m^3）	日产水（m^3）	积液高度（m）			
5	涩 7-10-2	2-2	边部	1.06	14.8	207	1.35	21.8	25	0.29	7.0	10 天
6	涩 R38-3	3-1-2	边部	0	0	412	0.8	6.8	0	0.8	6.8	15 天
7	涩 R46-3	3-2	边部	0	0	805	0.59	11.3	168	0.59	11.3	连续
8	涩 R34-3	3-1-2	中部	0	0	280	0.95	2.1	0	0.95	2.1	连续
9	涩 6-1-4	3-2	高部	0	0	522	1.0	52.6	186	1.0	52.6	连续
10	涩 25	3-1-2	中部	0	0	557	0.35	0.52	0	0.35	0.52	连续
合计 / 平均				1.95	23.8	490.8	9.35	158	42	7.4	134.2	

结合集中增压气举井气举参数预测结果，对注气压力较低、集中增压气举压缩机能满足正常注气生产的井进行常规气举，不能满足的井进行有阀气举。共开展无阀气举井 7 口（停躺井 4 口、积液井 3 口）、有阀气举井 3 口（全为停躺井），如表 4-23、表 4-24 分别为无阀、有阀气举应用情况及效果统计表。无阀气举实现单井日增气 $0.67 \times 10^4m^3$、日增排水 $4.7m^3$，积液高度降低 405.6m；有阀气举实现单井日增气 $0.85 \times 10^4m^3$、日排水 $33.7m^3$，积液高度平均降低 549.7m，下阀后启动压力平均降低 1.5MPa，下阀后气举卸载更加平稳，半闭式井气举投产周期有效缩短，使集中增压气举工艺平稳高效进行。

表 4-23 无阀气举应用情况及效果

井号	启动压力（MPa）	工作压力（MPa）	日注气量（10^4m^3）	气举前			气举后			日增产气（10^4m^3）	日增产水（m^3）
				日产气（10^4m^3）	日产水（m^3）	积液高度（m）	日产气（10^4m^3）	日产水（m^3）	积液高度（m）		
涩 R15-3	9.2	4.4	0.8	0	0	697	0.26	1.4	0	0.26	1.4
涩 7-3-3	7.5	6.2	1.5	0	0	428	0.56	4.6	0	0.56	4.6
涩试 8	8.5	8.0	0.6	0.8	9.0	310	2.54	19.6	20	1.6	10.6
涩 7-10-2	8.3	6.6	0.4	1.0	14.8	207	1.35	21.8	25	0.29	7
涩 R38-3	8.0	6.1	0	0	0	412	0.8	6.8	0	0.8	6.8
涩 R34-3	8.5	6.7	1.1	0	0	280	0.95	2.1	0	0.85	2.1
涩 25	7.2	6.0	1.3	0	0	557	0.35	0.52	0	0.35	0.52
平均	8.2	6.3	0.8	0.28	3.4	412	0.97	8.1	6.4	0.67	4.7

表 4-24　有阀气举试验井情况

井号	日注气（10^4m^3）	日增产气（10^4m^3）	日排水（m^3）	工作压力（MPa）	启动压力（MPa）			积液高度（m）		备注
					无阀	有阀	降幅	气举前	气举后	
涩 6-1-4	1.4	1.0	52.6	7.9	11.1	8.8	2.3	522	186	半闭式
涩 R48-3	1.5	0.95	37.3	8.8	9.5	9.2	0.3	697	21	半闭式
涩 R46-3	1.35	0.59	11.3	8.1	11.2	9.2	2.0	805	168	开式
平均	1.42	0.85	33.7	8.3	10.6	9.1	1.5	674.7	125	

对部分集中气举井的试验情况进行分析：涩试 8 井位于 3-2 层组高部，已经水侵，2005 年 7 月投产，集中增压气举前带水生产，日产气 $0.89 \times 10^4m^3$、日产水 9.0m³，历史最高日产水 36m³。该井于集中增压气举时，启动压力 9.0MPa、工作压力 8.0MPa，气举时日注气 $0.6 \times 10^4m^3$，日增产气 $1.6 \times 10^4m^3$，日增排水 10.3m³。随着连续气举工艺的开展，近井地带的积液不断被排出，在相同工作制度下，产水量呈现逐渐减小、产气量呈现逐渐增大的趋势，气井产能逐渐释放。2016 年 11 月 5 日，对该井进行流压测试，通过对比该井气举前后流压测试结果，如图 4-22 所示，气举后油管内压力梯度明显减小，井筒积液高度由工艺前的 310m 降低到油管鞋位置（井筒积液高度约为 20m）。该井气举效果显著，气举工况正常。

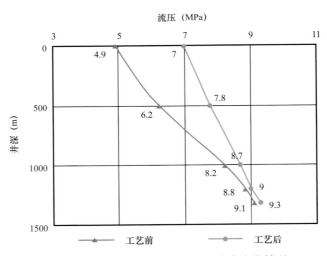

图 4-22　涩试 8 井气举前后流压分布变化情况

涩 R46-3 井位于 3-2 层组边部，已经水侵。2013 年 12 月不出气关井，该井静压为 12.1MPa，预计启动压力高于集中增压气举设备的压力级别，对此，该井进行有阀气举排水采气。集中增压气举时，启动压力 9.2MPa、工作压力 8.1MPa。目前，该井连续气举，日注气 $1.35 \times 10^4m^3$、日增产气 $0.6 \times 10^4m^3$、日排水 14m³，如该井随着地层水的排出，增产气量、井口油压出现逐渐增大的趋势。

涩 R15-3 井位于 3-1-1 层组边部，已经水侵。该井于 2009 年 11 月进站生产，由于该井出砂严重，于 2014 年 6 月进行压裂防砂，作业后日产气约 $1 \times 10^4 \text{m}^3$、日产水 2m^3，生产一段时间后关井，再开井时未能生产。2016 年 10 月 30 日开始集中增压气举，气举启动压力 9.2MPa、工作压力 4.4MPa、进站压力 3.6MPa（外输 3.2MPa）、日注气量 $0.8 \times 10^4 \text{m}^3$、日增产气量 $0.26 \times 10^4 \text{m}^3$、日排水 1.4m^3。2016 年 12 月进行流压测试，井底流压为 4.6MPa，油管内压力分布曲线平滑且压力梯度均小于 0.1MPa/100m，说明通过油管鞋注气，井筒内没有积液，气举工况正常。该井生产压差高达 4.7MPa，分析该井增产气量少的原因是地层供气能力差。

集中增压气举排水采气工艺涉及气举时的启动压力、工作压力、注气量等。通过对设计参数与气井气举时实际参数的对比，气举参数符合率均不低于 90%，参数设计吻合率较高（表 4-25）。整体来说，气举参数设计可靠，能够准确指导集中增压气举工艺的开展。同时，结合前面的敏感性参数分析可知，气举井的启动压力随地层压力逐年降低，注气量也随井底流压的降低而降低，随出水量的剧增略有升高，但总体影响不大，因此，按照目前设计的压缩机基本能够满足后期的需要。

表 4-25　集中增压气举参数的误差分析

井号	日增产气（10^4m^3）	日增产水（m^3）	启动压力			工作压力			日注气量		
			实际值（MPa）	设计值（MPa）	误差比例（%）	实际值（MPa）	设计值（MPa）	误差比例（%）	实际值（10^4m^3）	设计值（10^4m^3）	误差比例（%）
涩 R15-3	0.26	1.4	9.5	9	5.3	4.4	4.3	1.5	0.8	0.7	12.5
涩 R48-3	0.95	37.3	9.2	9	2.2	8.8	8.5	3.4	1.5	1.6	6.7
涩 7-3-3	0.56	4.6	6.7	7.6	13.4	6.2	6.8	9.7	1.2	1.1	8.3
涩试 8	1.65	10.6	9	8.1	10	8	7.2	10	0.6	0.6	0
涩 7-10-2	0.29	7	7.5	8.4	12	6.4	6.5	1.6	0.4	0.34	15
涩 R38-3	0.8	6.8	8	7.1	11.3	6.1	6	1.6	0	0	0
涩 R46-3	0.59	11.3	9.2	9	2.2	8.1	8	1.2	1.35	1.5	11.1
涩 R34-3	0.95	2.1	7.5	8.5	13.3	6.2	6.8	9.7	1.1	0.94	14.5
涩 6-1-4	1.0	52.6	8.8	9	2.3	7.9	8.2	3.8	1.4	1.6	14.3
涩 25	0.35	0.52	7.2	6.5	9.7	6	6.1	1.7	1.3	1.2	7.7
合计 / 平均	7.4	134.2			8.2			4.4	9.7		9.0

整体来说，集中增压气举工艺在涩北气田表现出很好的适用性，实现了连续排水采气恢复气井产能的目的。在涩北气田积液日益严重，水淹井逐年增多，泡排、橇装压缩机气举无法满足气田排水需求的情况下推广应用集中增压气举工艺，符合气田高效开发的实际需求。

涩北气田气举排水采气工艺经过不断的探索和发展日趋成熟，形成了橇装压缩机循环气举、制氮车气举、井间互联气举、集中增压气举等多种形式的气举排水方式，已经成为气田治水的强排主体工艺。结合不同气举工艺的应用阶段、排水方式、工艺特点分析（表4-26），确定涩北气田的气举工艺以集中增压气举为主，橇装气举为辅。

表4-26　不同气举方式工艺特点对比

类型	应用阶段	排水方式	工艺特点
橇装气举	气举早期，辅助排水	间歇	投资成本较高，安全风险大
井间互联气举	气举过渡阶段	连续	投资成本较低，建设周期短
集中增压气举	气举中后期	连续	投资成本高，建设周期长

第五节　气藏水侵调控技术与应用

前面各节主要论述的是涩北气田单井出水积液后的排水采气工艺。针对全气藏，为控制边水沿气藏内部高渗带窜流，基本实现气藏均衡采气，以气藏描述、动态分析的研究成果为基础，应用产量调配、开关井调整、单井合理配产等调控手段，配合措施作业和排水采气工艺，确保气藏在区域、纵向、平面、时间上的相对均衡生产，从而延缓边水推进和非均衡突进，即控制边水水线指进、锥进等，确保气田各项开发指标可控而采取的差异化配产措施。

一、非均衡水侵调控技术

从整个气藏或全气区的角度出发，以"控边水、防水淹、控递减"为目标，开展气田、层系、气藏不同部位气井产量优化配置、开关井优化、单井差异化配产三项工作，力争实现气田、层组、平面、时间四个均衡的综合调控技术。主要包括以下四方面内容。

区域均衡：指涩北一号、涩北二号、台南三个气田间的均衡开发。即根据各气田产能、递减率、储采比，将产销任务合理分配到各气田，确保全年全气田递减率最低。

纵向均衡：指分气田各层组间的均衡开发。即根据各层组的水侵、压降、产能、递减等情况，合理制定各层组产量及开关井顺序，确保各层组均衡动用、递减可控。

平面均衡：指各开发层组内各构造部位的均衡开发。即根据单井的构造位置、压降、出水、出砂、递减等情况，优化开关井顺序、合理配置单井产量，结合排水采气工艺，在濒临水侵的区域形成阻水屏障或排水泄压带，延缓边水推进。

时间均衡：指全年各气田各月度的均衡生产。即考虑动态监测、场站检修、下游用气需求等因素，将年度生产任务及递减率分解到各月度，以最大限度降低峰谷差，保证气田平稳生产。

二、非均衡水侵调控技术实施

（1）产量优化配置。每年年初，根据各气田实际生产能力、储采比等指标，将产量合理分配至各气田、层组、场站。2017—2019年，如涩北一号、涩北二号、台南气田实际生产与计划符合率达92%以上，如图4-23所示。

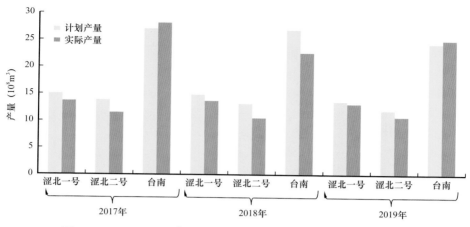

图4-23　2017—2019年涩北气田计划产量与实际产量对比柱状图

（2）开关井优化。2014—2016年涩北气田均衡采气重点调控25个层组，实施开关井3570井次，涉及日产能 $11942 \times 10^4 m^3$（表4-27）。

表4-27　涩北气田2014—2016年均衡调控情况统计表

气田	层组（个）	开关井（井次）	调整产量（$10^4 m^3$）	调整层组
一号	10	1159	2632	1-3、1-4、2-1、2-2、2-4、3-1、3-3、4-1、4-2、4-3
二号	7	1524	3424	1-1、1-2-1、1-2-2、2-1、2-2、3-1-2、3-2
台南	8	887	5886	2-1、3-5、3-6、4-1、4-2、4-3、5-1、6-1
合计	25	3570	11942	—

（3）合理配产。2014—2016年共实施单井合理配产412口，其中不积液井242口，积液井170口。分气田看，涩北一号、涩北二号、台南气田分别实施130口、115口、167口（表4-28）。

表4-28　涩北气田2014—2016年单井合理配产实施情况统计表

气田	2014年		2015年		2016年		合计（口）
	积液井（口）	不积液井（口）	积液井（口）	不积液井（口）	积液井（口）	不积液井（口）	
涩北一号	7	45	6	16	17	39	130
涩北二号	13	27	24	33	10	8	115
台南	16	11	14	32	63	31	167
合计	36	83	44	81	90	78	412

三、非均衡水侵调控实施效果

（1）递减总体得以控制。递减率总体控制在8%以内，气井完好率控制在93%以上，如图4-24和图4-25所示。

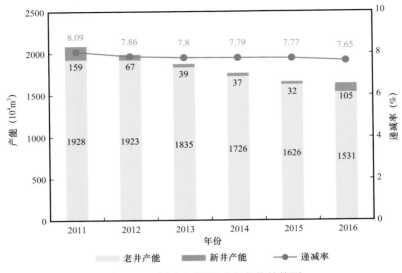

图4-24　涩北气田递减率变化趋势图

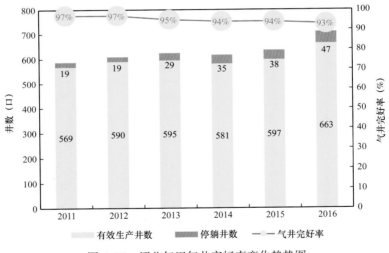

图4-25　涩北气田气井完好率变化趋势图

（2）压力分布趋于合理。逐渐在构造高部位形成压降漏斗，层组间压力下降趋于均衡。

（3）井筒积液得以减缓。合理配产后积液高度平均减少4.2m，单井日产气量增加了$0.17 \times 10^4 m^3$，日产水增加2.2m³，井筒流态得以改善（图4-26）。

（4）水侵得以有效控制。水侵速度增速有所减缓，水侵形态逐渐趋于合理，边水趋于均匀推进（图4-27）。

通过调整效果分析，认为均衡采气是涩北气田控制产量递减、防气井停躺、减缓水侵的有效手段，适用于整体治水措施的选定。

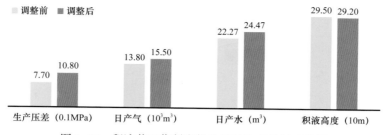

图 4-26　积液井工作制度优化前后生产状况对比图

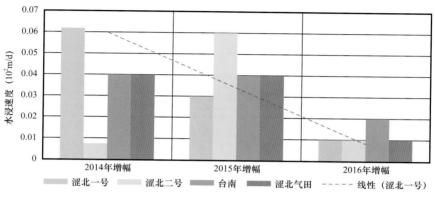

图 4-27　涩北气田均衡调控后水侵速度变化趋势图

四、典型层组整体调控及治水

坚持"内防＋中控＋外排"的水侵气藏均衡调整开发理念，以"砂水同治、均衡排采"为原则，实施因藏施策的治理对策，按照涩北气田综合治水方案，从边部强排、藏内排水、均衡调控等方面开展 54 个层组的综合治水，从而有效盘活水侵区域储量，确保气田年递减率控制在 8%～10%。同时重点围绕气田水侵主力层组开展边部井强排试验，针对不同强度的水淹区域，分侧重设计边部强排井 36 口、腰部排采井 29 口、高部控水井 13 口，并及时优化调整气举参数，确保日排水量在 1700m³ 以上，通过边部强排，层组产能及含水趋势平稳。

1. 台南气田 4-1 层组

台南 4-1 层组，利用 24 口边部井开展强排，平均单井日排水量 75m³，合计日排水量 1790m³；20 口腰部井开展治理工作，消除井筒积液、恢复气井产能、挖掘水侵区域储量；4 口高部位未水侵气井严格控制生产压差（图 4-28）。

4-1 层组实施强排后，随着排水量的增加，层组递减形势于 2019 年 4 月得到遏制，产量情况出现好转（图 4-29）。整体上看，通过连续的边部强排水，层组排采水量、水气比持续上升，层组天然气日产能快速递减的趋势得以控制，地层压力正常下降。分区域上看，由于北翼和东翼边部排水井排水量较大，中部的受益井生产相对较稳定；南翼边部排水井排水量较小，中部控水产气井台 6-16、台 6-17 井生产不稳定，产量递减较快，因此需持续加大南翼的排水量，实现全层组的侵排平衡，延缓水侵。

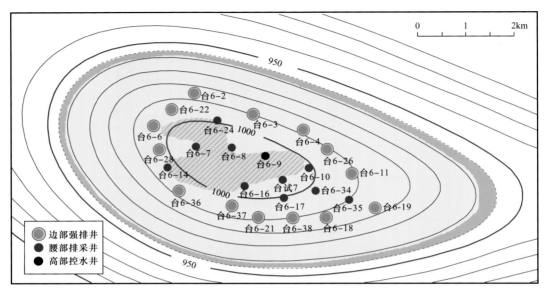

图 4-28　台南气田 4-1 层组整体强排试验部署图

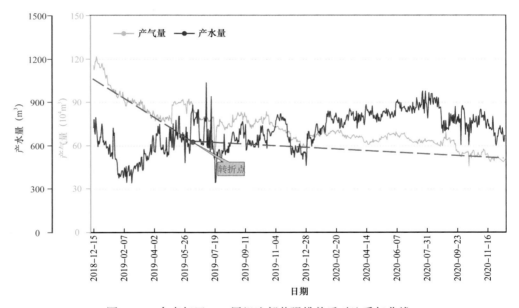

图 4-29　台南气田 6-1 层组边部井强排前后对比采气曲线

2. 涩北二号 3-1-2 层组

根据水驱气藏的物质平衡方程可以算出气藏的水侵量：

$$W_e = G_p B_g + W_p B_w - G(B_g - B_{gi}) - \Delta X \qquad (4-8)$$

进而可以算出气藏的水驱指数（$W_e\text{DI}$）：

$$W_e\text{DI} = \frac{W_e}{G_p B_g + W_p B_w} \qquad (4-9)$$

式（4-9）和式（4-10）中，B_g 为天然气体积系数，m³/m³。

根据该气藏生产数据计算不同采出程度下的岩石和水的膨胀量、水侵量、水驱指数等列于表4-29中。从表中可以看出随着气藏的开发，地层束缚水和岩石的弹性膨胀量在逐渐增加，但仅为气藏的水侵量的2%，因此对于正常压力系统的气藏可以忽略不计。同时把表中气藏水驱指数与采出程度之间的关系绘制到图4-30中，得到该气藏的水驱指数变化曲线，可看出该气藏采出程度达到20%以上后水驱指数逐渐上升，从早期的边水不活跃逐渐演化为边水较活跃气藏。

表4-29 涩北二号 3-1-2 层组生产动态数据及水驱特征值汇总表

时间（年）	地层压力（MPa）	天然气体积系数 B_g（m³/m³）	累计产气量 G_p（10^8m³）	累计产水量（10^4m³）	采出程度（%）	岩石和水的膨胀量 ΔX（10^4m³）	水侵量 W_e（10^4m³）	水驱指数
1	14.25	0.0066	—	—	0	—	—	—
2	13.50	0.007	1.60	0.11	6.01	0.85	0.66	0.01
3	12.70	0.0075	3.22	0.38	12.11	1.76	0.81	0.01
4	11.80	0.0081	4.98	0.96	18.70	2.78	2.05	0.01
5	11.10	0.0087	6.55	1.96	24.59	3.58	8.86	0.02
6	10.62	0.0091	7.53	2.95	28.26	4.13	17.93	0.03
7	9.95	0.0098	9.13	4.02	34.27	4.90	41.55	0.05
8	9.38	0.0106	10.77	5.14	40.44	5.55	76.09	0.07
9	9.05	0.0109	11.87	6.75	44.55	5.93	149.19	0.12
10	8.79	0.0114	12.85	8.18	48.24	6.23	188.56	0.13
11	8.45	0.0118	13.72	10.16	51.50	6.62	237.51	0.15
12	7.94	0.0126	14.58	13.08	54.75	7.21	265.71	0.16
13	7.86	0.0128	15.39	15.92	57.79	7.30	327.77	0.17
14	7.52	0.0134	16.07	18.98	60.33	7.69	353.96	0.17
15	7.39	0.0138	16.50	21.89	61.94	7.84	373.71	0.17

近年来，根据涩北气田各开发层组的生产动态和水侵特征，适当降低了部分采速过高、水侵严重层组的采速，并结合产销任务对各气藏进行了开关井优化，以期实现各气藏纵向上和平面上的均衡。以涩北二号 3-1-2 层组为例，通过上述水侵特征识别和水体能量的计算在2010年以后发现其边水趋于活跃，具有水侵气藏的生产特征，适当降低了采气速度，其平均采气速度由调控前的4.84%调低至3.11%，并通过优化配产和开关井优化，适当降低了气藏边部气井的采速，提高了气藏中高部位气井的采速，进行了平面上均衡采气调控。通过连续几年的调整，气藏平面上压力分布趋于均衡，顶部形成明显的压降漏斗区（图4-31）。

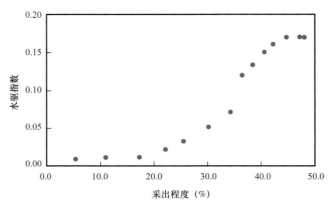

图 4-30　涩北二号 3-1-2 层组水驱指数变化曲线图

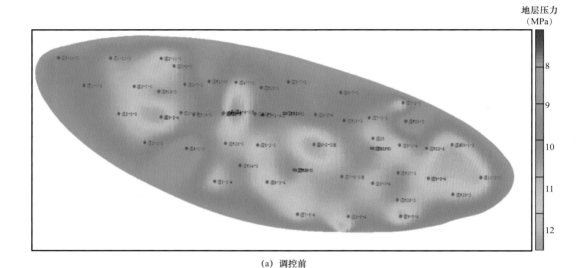

（a）调控前

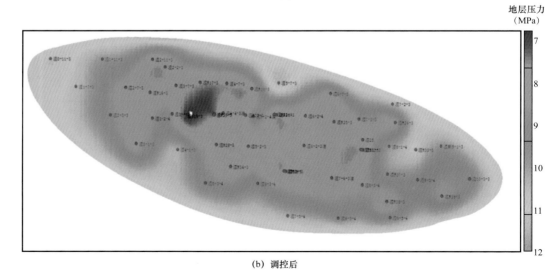

（b）调控后

图 4-31　涩北二号气田 3-1-2 层组调控前后压力平面分布图

气藏的开发指标也有所好转，年递减率在2012—2014年连续三年出现了下降，但近两年由于气藏的水侵日趋严重，而强排水措施未跟上递减率有重新抬头的趋势（图4-32）。

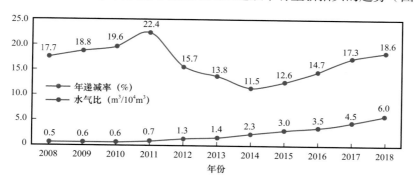

图4-32 涩北二号气田3-1-2层组年递减率和水气比变化趋势图

参 考 文 献

陈晓梅，张凤琼.2019.采气工［M］.北京：石油工业出版社.

邓成刚，李江涛，柴小颖，等.2002.弱水驱气藏水侵早期识别方法对比研究［J］.岩性油气藏，32（1）：128-133.

黄炳光，刘蜀知，唐海，等.2004.气藏工程与动态分析方法［M］.北京：石油工业出版社.

黄麒均，杜竞，欧宝明，等.2019.涩北气田钻采工艺技术进展与攻关计划［R］.青海油田钻采工艺研究院，敦煌.

贾锁刚，冯胜利，阿雪庆，等.2017.涩北气田集中增压气举工艺的研究与应用［R］.青海油田钻采工艺研究院，敦煌.

敬伟，温中林，常琳，等.2017.青海气区涩北气田开发综合治水方案［R］.青海油田勘探开发研究院，敦煌.

李传亮.2003.气藏水侵量的计算方法研究［J］.新疆石油地质，24（143）：430-431.

李江涛，柴小颖，邓成刚，等.2017.提升水驱气藏开发效果的先期控水技术［J］.天然气工业，37（8）：132-139.

李江涛，孙凌云，项燚伟，等.2019.水驱气藏水淹风险描述及防控对策［J］.天然气工业，39（5）：79-84.

李士伦.2008.天然气工程［M］.北京：石油工业出版社.

罗万静，万玉金，王晓冬，等.2009.涩北气田多层合采出水原因及识别［J］.天然气工业，29（2）：86-88.

饶鹏，汪天游，廖丽，等.2013.涩北气田排水采气工艺研究与先导性试验［R］.青海油田钻采工艺研究院，敦煌.

万玉金，李江涛，扬炳秀.2016.多层疏松砂岩气田开发［M］.北京：石油工业出版社.

杨川东.1997.采气工程［M］.北京：石油工业出版社.

第五章　气井出砂防治技术及应用

疏松砂岩气藏由于埋藏浅、成岩性差、岩石强度低，容易出砂。由于地层出砂，大部分气井控压生产，大大限制了气井产能的发挥，严重影响气田的开发效果与效益。出砂会造成在井筒中砂埋气层，还存在地面集输管线积砂、管线弯头磨蚀和节流气嘴刺坏等现象，影响气田的安全、稳定生产。因此，针对出砂气井实施冲、防砂措施工艺非常重要。特别是气层出水后会加剧地层出砂和井筒沉砂，势必影响排水采气工艺的实施。为此，出砂防治技术已经成为涩北气田开发不可或缺的主体工艺。

第一节　防砂冲砂工艺技术

涩北气田储层具有泥质含量高（40%）、出砂粒度小（0.04～0.07mm），防砂、捞砂难度大等特点。针对涩北气田气井出砂，自气田开发以来开展了多种工艺，目前形成了以连续油管冲砂和割缝筛管充填防砂为主的治砂技术手段。

一、防砂工艺技术

为防止气井大量出砂造成的危害，控制压差生产是一种较为有效的技术手段，但在控制压差防止出砂的同时，也限制了气井产能的发挥。另外，气层在纵向上层间非均质性强，出砂临界生产压差的差异大，难以确定合理的工作制度。为此，防砂工艺技术的应用，不仅是气井提产的需要，也是力求稳定生产的必然选择。通过不断探索与实践，形成了以高压一次充填防砂、纤维复合压裂充填防砂和割缝筛管压裂充填防砂为主体的防砂工艺技术。

1. 高压一次充填防砂

针对的涩北气田实际创新了精密滤砂管、石英砂和抑水砂三重精细挡砂、清洁携砂液储层保护以及高压充填工具的一次充填等技术的集成应用。对气水层间互地层有较强的适用性（图5-1）。

该工艺主要采用封隔高压一次充填工具与割缝筛管配套，在气井生产套管外地层和筛管与套管的环形空间充填砾石，经高压作用形成一套砂体分布连续、结构稳定的完整挡砂屏障，阻挡地层砂进入气井达到防砂目的。

高压充填砾石与气井产出砂粒的中值比为GSR，当GSR>15时，地层砂能自由地通过砾石层；当10<GSR<15时，地层砂充填在砾石层孔隙中；当6.5<GSR<10时，属于孔隙堵塞与孔隙内部桥塞混合机理；当5<GSR<6.5时，地层砂仅在砾石层的浅层沉积；

当 GSR＜5 时，地层砂完全被遮挡在砾石层之外。依据上述原理，确定理想的 GSR 值，选择然后依据地层产出砂粒的中值进行优选充填砾石的粒径或砾石组合（图 5-2）。

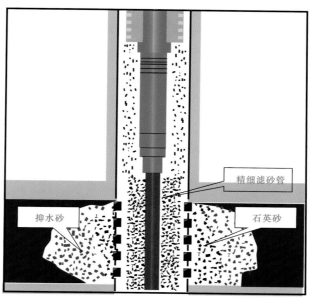

图 5-1　高压一次充填防砂工艺示意图

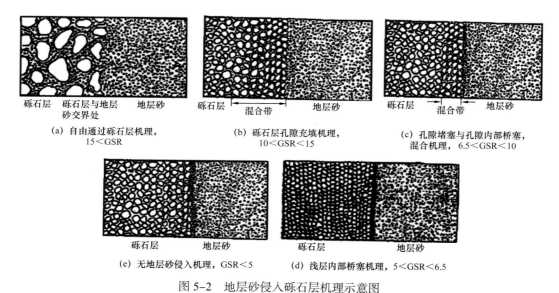

图 5-2　地层砂侵入砾石层机理示意图

2. 纤维复合压裂充填防砂

纤维复合压裂充填防砂综合了常规水力压裂和传统砾石充填防砂的技术优点，由水力压裂裂缝而产生的裂缝到井筒、地层到裂缝两个方面的线性流动及巨大的支撑裂缝表面积，可以发挥良好的分流作用，使压后储层中气体的流速大幅降低，从而降低了对地层微粒的冲刷和携带作用，可减轻出砂程度。主要增产机理如下：

一是解除储层原有的伤害。在端部脱砂压裂技术配合下压开的短缝长度也远大于入井液的伤害半径，能够穿透近井伤害带，解除储层原有的伤害，消除由于伤害带来的近井地带污阻压降，能够改善产层的渗流条件和能力。

二是改善原有渗流条件。在端部脱砂压裂技术配合下将储层压开裂缝，使原来的径向流改变为拟线形流，减小近井压力梯度，降低近井地带压降，降低井眼周围气体流动速度，改善气体流动条件。减小近井压力梯度和解除近井地带无阻压降，大大降低气体流动速度。所以，该工艺集成了压裂防砂、端部脱砂、纤维复合、控缝高技术，从而达到增产与防止地层出砂的双重目的（图5-3）。

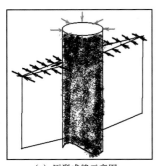 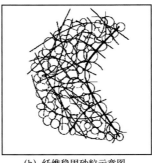 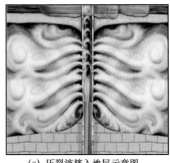

(a) 压裂成缝示意图　　　(b) 纤维稳固砂粒示意图　　　(c) 压裂液挤入地层示意图

图5-3　纤维复合压裂充填防砂工艺示意图

3. 割缝筛管压裂充填防砂

割缝筛管压裂充填防砂是针对高渗透、弱胶结地层特点，在传统压裂技术和砾石充填技术的基础上发展起来的压裂充填技术，压裂砾石充填作业可改善气井流入动态，降低气井生产压差并达到防砂的作用，割缝筛管压裂充填防砂工艺如图5-4所示。

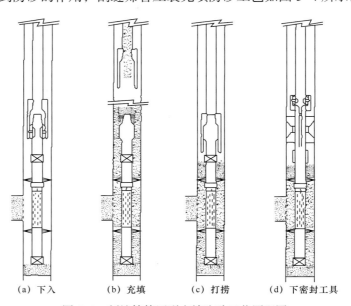

(a) 下入　　　(b) 充填　　　(c) 打捞　　　(d) 下密封工具

图5-4　割缝筛管压裂充填防砂工艺原理图

二、冲砂工艺技术

连续油管冲砂就是在带压环境下通过连续油管车把连续油管下入井筒内，并在泵车或水泥车的配合下向井内打入冲砂介质，将沉积于井筒内的砂粒、泥浆或其他碎屑冲洗至地面，以达到恢复气井正常生产的一种作业方法，能避免压井液对产层的污染，使开采潜能和产量得以最大保护。

三、防砂标准与工艺对比

多层疏松砂岩气田防砂，由于其特殊的地质条件，防砂工艺技术的选择和应用条件比较苛刻。其一，储层以粉砂岩、泥质粉砂岩和粉砂质泥岩为主，所出的砂粒平均粒径只有0.04～0.07mm，防砂难度很大，常规防砂技术效果很差；其二，纵向上气水层交互分布，压裂防砂容易压窜水层，选井选层难度大；其三，气层含水饱和度高，气水同出现象普遍，出水又加剧了地层出砂，加大了防砂工艺实施难度。为此，必须注重防砂效果评价和工艺选择。

1. 防砂效果评价标准

制定气井防砂效果评价方法与标准（Q/SY QH0003—2010），标准规定了适用于疏松砂岩气藏的气井防砂措施有效性的防砂措施效果评价与判定方法。

气井防砂效果采用防砂前后临界出砂生产压差变化率、防砂后气井临界出砂压差下气产量增量、防砂前后拟产气指数变化率、防砂有效期四个指标进行评价。采用上述四个指标进行单项评价后，乘以相应的权重系数，取四项评价结果之和作为综合评价结果。气井防砂效果评价指标如表5-1所示。

表5-1　气井防砂效果评价指标体系表

序号	评价项目指标	权重系数	指标	评价结果
1	防砂前后临界出砂生产压差变化率（$R\Delta p$）	0.25	≥ 1	好
			$0\sim 1$	一般
			≤ 0	差
2	防砂后气井临界出砂压差下气产量增量 R（$10^4 m^3/d$）	0.25	≥ 0.24	好
			$0\sim 0.24$	一般
			≤ 0	差
3	防砂前后拟产气指数变化率（K）	0.25	≥ 1	好
			$0.5\sim 1$	一般
			≤ 0.5	差
4	防砂有效期（d）	0.25	≥ 900	好
			$600\sim 900$	一般
			≤ 600	差

气井防砂效果评价是在防砂有效的前提下进行的评价。气井防砂效果分为好、一般、差三个等级，每个等级的分值分别为 90 分、60 分、30 分。当气井防砂效果评价结果为好和一般时，均表示防砂措施成功；当气井防砂效果评价结果为失效时，则表示防砂措施无效。

2. 不同防砂工艺对比

上述三种防砂工艺的优缺点及适应性如表 5-2 所示。从表 5-2 中可以看出，由于纤维复合防砂与割缝筛管压裂防砂都要进行压裂，因此对气水层间互的多层疏松砂岩气田而言，压裂易沟通水层，所以高压一次充填防砂工艺的适应性较强。

表 5-2　三种防砂工艺适应性对比

工艺	优点	缺点	适用范围
高压一次充填防砂	① 不压开地层进行挤压充填； ② 下挂滤砂管双重挡砂效果； ③ 施工排量小、砂比小、易控制； ④ 增产效果好，有效期长； ⑤ 操作简单，施工成本低	① 滤砂管井下时间长，存在打捞困难、气井大修等问题； ② 反洗井时，充填孔关闭不严，存在反吐砂可能； ③ 对于一层系易漏地层，最后环空有可能充填不实	① 一层系井控制难度大； ② 套管变形井和防砂层段上部漏或已射开井不能用； ③ 对于气水层间互地层有较强的适应性
纤维复合防砂	① 压裂改造地层，消除近井地带的污染，增加导流能力； ② 涂料砂重塑人工井壁，增加井筒附近地层的稳定性； ③ 纤维可以稳固和挡堵粉细砂颗粒的脱落； ④ 增产效果好，成功率高； ⑤ 井底不留管柱，便于后期作业	① 缝高控制难度大，有可能压开水层； ② 携砂液复杂，配液难度大； ③ 加纤维过程中，易造成加砂堵塞； ④ 有效期受涂料砂质量的影响	① 适用于防砂井段内或上下 10m 无水层或气水同层的井，选井难度大； ② 气水层间互地层适应性差
割缝筛管压裂防砂	① 压裂改造地层，消除近井地带的污染，增加导流能力； ② 下丢筛管双重挡砂效果	① 缝高控制难度大，有可能压开水层； ② 筛管井下时间长，存在打捞问题； ③ 施工复杂，难度大； ④ 增产效果差，有效率低	① 适用于防砂井段内或上下 10m 无水层或气水同层的井，选井难度大； ② 气水层间互地层适应性差

对比三种防砂工艺各具特色，对选井选层的条件要求不同，选井选层条件决定了工艺的效果，主要体现在以下几方面：

（1）生产层位为 Ⅰ—Ⅱ 类单层，且上下邻近层无水层时，防砂工艺选择余地大，三种防砂工艺措施都适合。

（2）生产层位为 Ⅰ—Ⅱ 类单层，且上下邻近层有水层时，防砂工艺选择余地小，主要适合高压一次充填防砂工艺，而纤维复合防砂和割缝筛管压裂防砂工艺不适合。

（3）生产层位为 Ⅲ 类单层，其上下邻近层即便无水层，但气井位于含气边界气水过渡带上，因生产层位本身易出水，三种防砂工艺措施都不适合。

对防砂井生产管理的要求较高，在气井精细管理中控压差生产是提高防砂有效期的关键。虽然防砂气井适度防大生产压差可以提高单井产量，如果控制不当，将造成充填砂粒返吐，导致防砂有效期缩短。多层同时防砂时，因产层间距影响、物性差异和隔层薄厚等都会造成防砂效果的不确定性，单层防砂便于把握，通常其效果优于多层。

第二节　防砂冲砂技术应用

结合涩北气田地质特点，自气田试采阶段开发至今，先后开展了化学类、机械类防砂和捞砂、除砂等多种防治砂工艺试验，基本受有效期短、效率低、劳动强度高等因素的影响，未能在涩北气田推广应用。

在开发早中期，即2010年之前，先后试验了90余口井的防砂工艺，平均有效期不足两年，存在施工过程中加砂堵塞、施工效果差等原因，逐步淘汰了纤维复合防砂、高压一次充填等工艺。

在开发中后期，即2011年之后，连续油管冲砂技术的应用和压裂充填防砂技术的推广，该综合治砂技术基本满足生产的需要，井筒沉砂速度有效控制在50m/a左右，治砂措施产能贡献率保持在1.7%以上。

在控压差生产的基础上，措施日增气连续9年保持在 $30 \times 10^4 \mathrm{m}^3$ 以上，如图5-5所示。2019年措施贡献率达到7.6%，累计增气 $2 \times 10^8 \mathrm{m}^3$，成为支撑气田稳产的重要技术手段，有力保障了气井安全稳定生产。

图5-5　2011—2019年综合治砂历年效果图

通过20余年探索与攻关，治砂技术逐步定型，形成了"合理压差控砂、连续油管冲砂、压裂充填防砂"的综合治砂技术系列，并制定了出砂井分类治理对策，如表5-3所示，实现了出砂的可控。

表5-3　不同出砂程度气井治砂技术对策

出砂类型	砂面上涨速度（m/a）	技术对策
不出砂	<25	跟踪为主
轻微出砂	25~50	控砂为主
中等出砂	50~80	冲砂为主
严重出砂	>80	防砂、压裂为主

一、防砂工艺完善与效果评价

1. 工艺应用与完善

现已由被动防砂拓展到主动解水锁、差气层改造等领域，通过"加大排量、提升砂比、改进工序"等举措，保障了充填强度、延长了割缝管使用寿命、提升了改造效果。2011 年至今，共实施压裂防砂 210 口井，有效率 85%，增气 $8.3 \times 10^8 m^3$，压裂充填防砂已成为出砂停躺井和严重出砂井恢复气井产能的有效技术手段，已成为支撑气田稳产的主体工艺之一，如图 5-6 所示。

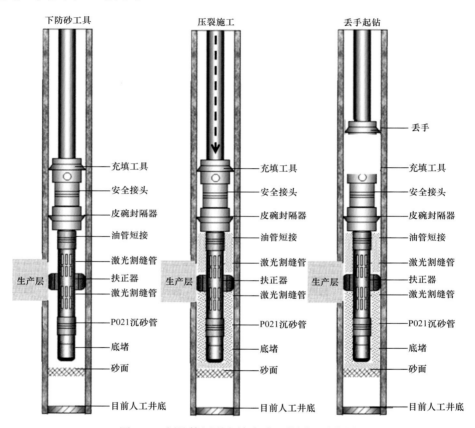

图 5-6　割缝管压裂充填防砂工艺原理示意图

2. 工艺适应性评价

通过探索实践，重点优化压裂充填防砂施工工艺，技术不断成熟，形成了以"大排量、高砂比"为技术思路，以"精密割缝筛管、石英砂双重挡砂介质"为主的压裂充填特色机械防砂技术（表 5-4），解决了其他工艺有效期短、渗透率改善不够的难题。

近几年，针对出砂严重的停躺井，通过不断优化防砂施工参数，建立人工挡砂屏障，使出砂停躺井重获生机。针对出砂、出水停躺井涩北气田开展了防砂抑水、防砂＋螺杆泵、防砂＋气举、防砂＋封堵等工艺的实施，停躺井得到了有效恢复，气井出砂严重的问题得到了治理，地层渗流通道改善、近井地带水锁解除等问题得到了解决，保障了气井正常生产，可作为整体治水的辅助技术。

表 5-4　压裂防砂施工方案优化

优化方式	优化前	优化后
工具优化	单皮碗	双皮碗
排量优化	4.5~5.5m³/min	3.0~4.0m³/min
模式优化	加砂 80~90m³ 降排量	加砂 60~70m³ 降排量
压裂液调整	0.5%瓜尔胶、1.0%防膨剂、0.2%助排剂	0.4%瓜尔胶、1.5%防膨剂、0.3%助排剂

综上所述，目前涩北气田影响稳产的主要因素是出水，且涩北气田多数气井同时存在出水出砂导致气井产量降低的现象，而气井出砂会损坏井口设备、生产管线，同时限制了多种排采工艺的应用，一定程度上影响了排水采气效果。连续油管冲砂与压裂充填防砂在出砂气田表现出良好的适应性，已成为出砂气田成熟的治砂工艺，涩北气田治水的同时需结合治砂，因此可以作为整体治水的辅助工艺。

二、冲砂工艺完善与效果评价

1. 工艺应用与完善

针对压井冲砂工艺污染储层的问题，先后试验了三种压井及不压井套管捞砂和油管捞砂五口井，在井筒沉砂富含泥质不易分散的条件下，出现了泥砂堵塞单流阀、捞砂效率低等问题，未能推广应用。

自 2005 年以来，引进连续油管冲砂工艺替代压井冲砂工艺，不断优化施工工艺参数，改善冲砂液体系性能，研发冲砂工具，技术不断完善，期间重点推广氮气泡沫冲砂液，平均有效率80%，措施产能贡献率达到1.4%，工艺规模推广630井次，增气 $2.6×10^8m^3$，已成为涩北气田井筒清砂的主体工艺技术，为气田稳定生产发挥了重要作用，如图5-7所示。

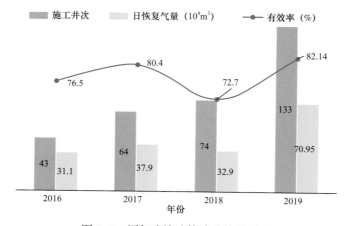

图 5-7　历年连续油管冲砂效果对比

针对冲砂液漏失的问题，2019 年结合优化使用两台氮气车进行连续油管冲砂井作业，泡沫冲砂液密度最低可降至 0.42g/cm³，井均漏失量较一台氮气车作业冲砂液漏失量下降 60%，如图 5-8 所示。2019 年共施工 133 井次，有效率 82%，同比提高 9.4%，井均日增气 $0.53 \times 10^4 m^3$，同比提高 20%。

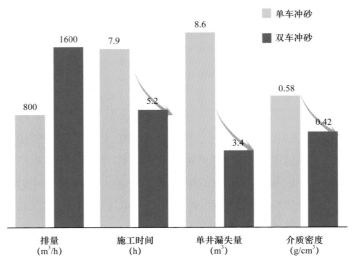

图 5-8　连续油管冲砂优化后的施工效果对比

2. 工艺适应性评价

近几年，针对气井砂埋产层等问题，通过不断优化冲砂液体系，优化施工参数，对出砂井进行冲砂作业，有效缓解了出砂对气井的影响。但是随着气田的开发，压力逐年下降，地层漏失严重，该工艺针对低压气井适应性逐渐变差，短时间内砂面上升速度过快，需加强对冲砂液体系的不断研究与攻关。

连续油管冲砂工艺作为井筒清砂的主体工艺技术，针对中等出砂且出水的气井，首先对气井进行连续油管冲砂作业，并结合氮气气举进行作业后返排，再进行排水采气措施。该工艺无需压井，占井周期短，储层污染少，清砂效率高，可作为整体治水的辅助技术。

参 考 文 献

董长银，隆佳佳，王登庆，等.2013.防砂水平井旋转水射流解堵工艺参数优化实验［J］.石油学报，34（4）：759-764.

董长银，张清华，高凯歌，等.2016.机械筛管挡砂精度优化实验及设计模型［J］.石油勘探与开发，43（6）：991-996.

蒋贝贝，卓亦然，刘洪涛，等.2019.新型陶瓷筛管在克深气藏出砂气井中的适用性分析［J］.石油钻采工艺，41（1）：48-53.

李彦龙，胡高伟，刘昌岭，等.2017.天然气水合物开采井防砂充填层砾石尺寸设计方法［J］.石油勘探与开发，44（6）：961-966.

司连收，李自安，张健.2013.砾石充填防砂对稠油井产能影响研究［J］.西南石油大学学报（自然科学版），35（5）：135-140.

颜帮川，董长银，黄亮，等.2020.南海高温高压气藏机械防砂筛管动态腐蚀评价实验研究［J］.特种油气藏，27（3）：148-156.

张永华，冯莉萍，李凯军，等.2006.完井防砂筛管尺寸对水平气井产能影响分析［J］.石油钻探技术，（5）：76-78.

后　记

　　针对长井段多层疏松砂岩边水气藏，历经 20 余年的开发实践与探索，形成细分开发层系、整体均衡开发、砂水综合防治等独具特色的开发技术与对策，实现了涩北气田年产能规模 $50 \times 10^8 m^3$ 稳产 10 年的显著效果。

　　随着气田进入开发后期，砂、水危害将愈加凸显，只有持之以恒地将当前的治水、控砂工艺技术再改进、再完善才能满足生产技术需求，这就需要在气藏再认识的基础上进一步修正地质模型，在储层砂、水同出的机理和危害程度深化认识的基础上，精细化气藏管理，动态优化、适时调整。

　　学术无止境，技术无边界，更期待今后加强开发调整井的取心工作，进一步深化认识多层疏松砂岩储层剩余气分布规律，持续工艺技术改进与开发技术对策优化，为此类气藏综合治理技术升级换代、提高气藏采收率奠定更坚实的基础。